JN120277

新
地球とからだに
優しい
生き方・暮らし方
天笠啓祐【著】
柘植書房新社

新 地球とからだに優しい生き方・暮らし方●目次●

はじめに

地球規模での環境破壊の拡大は、生命系に大きなダメージを与えつつある。このままでは地球の未来は危うい。いったい何が原因で起きているのか。すでに手遅れなのか、まだ大丈夫なのか。大丈夫ならば、どのようにすれば解決していくのか。社会への働きかけと同時に、私たちはどのような生き方・暮らし方をすればよいのか。政府が進める「脱炭素社会」で解決するのか。さまざまな疑問や課題がある。それらについて考えていきたいと思う。

いま起きている気候変動などの環境破壊の根本的な原因は、経済成長、グローバル化、エネルギー浪費といった、経済成長路線の流れの中で深刻化してきたものである。この流れを大きく転換することが必要だが、同時に私たち自身、そのような転換をもたらす生き方・暮らし方が求められているといえる。

環境破壊は点での汚染から始まり、次に線となり、面となり、その面が拡大して全国化し、さらには地球規模へと広がった。汚染の質も悪化し、量も増え続けてきた。最初の点で起きた環境破壊は、足尾鉱毒事件や水俣病、イタイイタイ病に代表される、古河鉱業、チッソ、昭和電工などの極めて質の悪い企業が引き起こした犯罪だった。その点が線に広がっていった。自動車公害に象徴されるような道路沿い、工場排水や合成洗剤に象徴されるような河川沿いの汚染である。さらには四日市や川崎などのコンビナートに象徴される複数の企業が引き起こす汚染になり、面へと広がった。汚染物質は空を覆い、コンビナートでの喘息の多発や光化学スモッグに代表される健康破壊をもたらした。また汚染物質は海に流れ、東京湾、伊勢湾、瀬戸内海などの海洋が汚染され、やがて日本列島全体が環境破壊と健康破壊の現場となっていった。

1980年代に入り、環境汚染はさらに広がり、汚染物質や廃棄物が国境を越え、環境問題はグローバル化していった。こうして、オゾン層の破壊、酸性雨や温暖化、原発事故による放射能汚染、プラスチックによる海洋汚染など、地球的規模での環境問題となったのである。

その原因は、経済成長一辺倒の今の社会がもたらしたものである。そこでの価値観は、景気浮揚や経済活性化を柱にしてきた。何がなんでも経済成長を行わなければならない、という方向に舵が切られてきた。その方向をとる限り、生産現場はより効率を追い求めることになり、効率を求めれば、巨大化、高速化、システムの複雑化が進む。それらは、社会全体のリスクをさらに高めることになる。

いま、この流れからの転換が求められているといえる。経済成長ではなく、新たな価値観が求められているのである。これまでとは異なる「もう一つの道」を進むことが大切になっている。しかし、政府や国際社会が求めているのは、相変らず経済成長である。今回の新型コロナウイルス感染症拡大の原因も、地球環境の悪化が根本的な原因であり、このままでは次の新型感染症がやってくる。

環境を守るためには、いまの経済成長一辺倒の社会の在り方や政策ではない、もう一つの道を目指していくことである。しかし、そこで立ち止まって考えなければいけないことがある。以前、大分県中津市在住の作家、松下竜一さんが、豊前火力反対運動に取り組んでいた際のことである。「電気を使っているのに発電所の建設に反対するのはおかしい」といわれた。その時、松下さんが出した答えが「暗闇の思想を」だった。電気をいかに使わない暮らしをするか、という提起だった。社会的な行動とともに、自分自身の生き方・暮らしを見直すことが大切なのである。

それはさまざまな場面で問われる。いまマイクロプラスチックによる環境汚染が深刻化している。いかにプラスチックを使わない生活を送ることができるのか、少し考えてみたい。プラスチック汚染は、古くて新しい問題だといえる。私たちができることは多い。とりあえずレジ袋やストローなどは使わない、過剰な包装は断わる、料理する際に加工食品ではなく、素材を買ってきて調理する、食器は陶器や木、ガラスなどの自然素材を用いる。暮らしを見つめ直す、日常的な積み重ねで、かなりのことができる。合成洗剤も環境悪化の原因である。シャンプー・洗濯は合成洗剤を選ぶか、それとも石鹸を選ぶか。重要なことは、日常生活の中で、環境問題を意識することである。外への働きかけとともに、内側の見直しが必要なのである。その内側の見直しが広がることが大切なのである。

原発や化石燃料を使わないようにエネルギー浪費をしないために、電気を減らす生活も徐々に進めれば、それほど難しい話ではない。例えば、自動販売機で飲み物を買うと、それはエネルギーの浪費につながる。自販機は屋外で夏冷やし冬温めるので、大変なエネルギーを使うからだ。移動手段も公共の交通機関を使用すれば、エネルギーの節約になる。食べものでは、輸送のエネルギーを考えただけで輸入食品が問題だと分かる。地産地消で、可能な限り農薬や化学肥料を使っていない有機農業で作られた作物を食べることが大切である。またお米を食べることで、日本の風景の原点である水田を守ることもできる。

食生活の見直しも大切である。包丁を持たない家、調理しない家庭が増えている。加工食品など出来合いの食品が売れている。スナック菓子、カップ麺、炭酸飲料、健康食品など加工度の高い食品はもちろんのこと、冷凍食品、カット野菜など、工場で作られすぐに食べられる食品の需要が増えている。食べものは一般的に、加工度が増すほど糖質、油脂、塩分を多く含むことが多く、食品添加物が多く使われ、食物繊維とビタミンが少ない傾向がある。その結果、がん、死亡率、肥満との関連が指摘されている。

加工食品はまた、容器や包装などでさまざまなプラスチックが使われている。それらはゴミとなって環境を汚染する。食品を作ったり、輸送する際にエネルギーが使われ、販売店で余った食品は捨てられることが多い。環境に優しい食事は、健康にもよいのである。なるべく手間暇かけて食材から手作りする食事の大切さを、改めて考える必要がある。一日３食、何を食べるかを考え、取り組めば、社会を変えることにもつながっていく。

政府はいま地球環境問題への取り組みとして、脱炭素社会を前面に掲げている。脱炭素社会というと聞こえはいいのだが、その柱が原発再稼働とデジタル化、バイテク化である。５G化や電気自動車導入も図っている。その電気は結局、原発に頼ることになりかねない。脱炭素社会を目指すというのに、大量生産・大量消費はそのままで、経済活性化が基本である。

デジタル化・バイテク化による省エネ社会というと聞こえがいいのだが、決して省エネにはならない。AIを利用して社会全体で用いるエネルギーの効率的利用を図ろうとしているのだが、そこに経済成長を絡めているからだ。AI には電気や電池が必要で、電池には大量の希少金属が必要で、資源多消費時代をもたらすことになる。バイテク化は、バイオハザードなど新たな地球環境問題を引き起こす危険性を持っている。脱炭素社会は、経済優先と一体化している限り電気を必要とし、結局、資源を浪費し、環境を悪化させるだけでなく、新たな地球環境問題をもたらす可能性を持っている。これらの問題を見ていくことにする。

序　戦争と感染症、脱炭素の時代

原爆の材料のプルトニウム

2020年1月から始まり世界中を席巻した新型コロナウイルス感染症がまだ収まらない最中、2022年2月から始まったロシア軍によるウクライナ侵攻は、中東に波及し、世界中を軍拡と戦争の時代に巻き込みつつある。世界は、温暖化、生物多様性破壊を中心に地球環境問題の悪化に対応できない状況に陥っている。そこに新たにパンデミックと世界中を巻き込んだ戦争が加わり、私たちの身近な環境や地球環境がどうなるか、未来が見えない時代に入ったといえる。そのような状況の中で、解決策として提起されているのが、ハイテク化である。AIやバイオテクノロジーが推進されている。そこに原発復活が加わり、地球に新たな脅威をもたらしつつある。

このような状況にあるとき、私たちに何ができるのだろうか。このまま手をこまねいていては、未来の世代へ大きなツケを残すことになる。地球にやさしい生き方、暮らし方を考え、取り組むことが、より切実な時代になったといえる。

感染症拡大と地球環境

新型コロナウイルスによる感染拡大は、現代の文明社会が抱えるさまざまな矛盾が噴出した現象といえる。その矛盾の中で最も大きいのが、地球的規模で起きている環境破壊である。その背景にあるのが、各国がとる経済優先政策であり、自由貿易の促進によるグローバル化の加速である。グローバル化は、物や情報だけでなく、動物や人間の行き来を拡大・加速し、感染症の局所的な発生を世界的な拡大に変えた。今回のケースでも、最初に流行が起きた中国からイラン、イタリアへと大きな流れが起き、欧州での拡大が米国やアフリカに飛び火し、さらにアジアや北南米へ、世界中へと感染拡大をもたらした。同時に、一つの国で収まりかけても、再び流行が起きるといったように、お互いが感染し合う状況が起き、いつ収まるのか分からない状況になってしまった。

地球的規模の環境破壊で、感染症の発生や拡大の原因となっているのが、気候変動と生物多様性の破壊である。新型コロナウイルスによる感染症のような「新興感染症」の登場や拡大は、近年になり増え続けている。この数十年間を見てもエイズ、エボラ出血熱、西ナイル熱、コロナウイルスの変異がもたらしたSARS（重症急性呼吸器症候群）とMERS（中東呼吸器症候群）が起きている。人畜共通感染症として、高病原性鳥インフルエンザやBSE（狂牛病）も大きな問題になってきた。そして今回の新型コロナウイルス感染症である。

なぜ地球規模での環境破壊が原因なのか。気候変動の進行が、ウイルスの自然宿主となる生物に影響し、ウイルスの生存戦略に変化をもたらしてきたことが挙げられる。自然宿主とは、そのウイルスが存在するために必要な生物である。ウイルスは「半生物」といわれ、同じ微生物である細菌とは異なり、単独では生きられない。何らかの生物に感染してはじめて存在できる。とくに重要なのが共存する生物である。そのような共存生物を自然宿主といい、ウイルスはその宿主には悪さをしない。もし悪さをしてその生物が滅びてしまえば、自分も存在できないからである。

インフルエンザウイルスの場合、その宿主としてわかっているのが、シベリアに棲むカモの仲間で、その腸管に棲んでいる。その鴨が渡っていった先での糞を通して、鶏や豚などに感染が起き、人間にも感染する種類を誕生させた。こうして鳥と豚、人間を行き来しながら時には毒性が強いウイルスを誕生させてきた。

コロナウイルスの自然宿主はコウモリである。そのコウモリにいるウイルスが、さまざまな動物と行き来する間に、強い毒性を持つものに変化している。今回の新型コロナウイルスもまた、そのケースの一つと考えられている。温暖化の進行は、ウイルスの自然宿主とする生物や、その宿主が依存する生態系にじわりじわりと影響をもたらしてきている。このことはウイルスの生き残り戦略に影響する。時には他の生物に感染して変化し、生き残ろうとする。こうして、さまざまな新興感染症が起きる素地が広がっている。

地球環境問題でのもうひとつ大きな問題が、開発などによる生物多様性の破壊である。滅亡する生物種が増え、それがウイルスの生存戦略に変化をもたらしてきている。とくに問題になっているのがアフリカや中南米、アジアにある熱帯雨林の破壊である。次々と奥地にまで開発が進み、そこに棲む生物を宿主としていた病原性ウイルスが文明社会に流入をもたらしてきた。その代表が、エイズウイルス、エボラ出血熱ウイルス、そして西ナイル熱ウイルスである。今回の新型コロナウイルスもまた、中国の奥地にいるコウモリのウイルスが関係していると考えられている。さらにはそのコウモリからコロナウイルスが採取され、研究やワクチン開発が進められてきた。それが原因になったとする説もある。

ふたたび感染症拡大を招かないために

地球的規模での環境破壊が新型コロナウイルス誕生にかかわったとすることに対して、ドイツの環境大臣スベンヤ・シュルツ（当時）は、「パンデミック後の世界を見据え、この危機の根本的原因を理解する必要がある。生態系のバランスが崩れれば感染症のリスクが強まる。自然の破壊が新型コロナウイルスによる感染症拡大もたらした危機の根本にある以上、生物多様性が最も大切な予防的対策である」と述べている。ベルリンにあるシャリテ医科大学ウイルス研究所のサンドラ・ユングレンは「生態系のバランスが崩れれば感染症が広がりやすくなる。生物多様性が機能してさえいれば、感染症拡大のリスクを減らすことができる」と述べている。

このように現代社会が経済活動を優先して、自然を破壊、環境を破壊、生態系に大きな変化を及ぼしたことが、新興感染症をもたらしてきた。新型コロナウイルスもその一つの事例といえる。そのためにも先住民に学ぶべきだと指摘するのは、カリフォルニア州立大学サンマルコ校講師で、アメリカ先住民の研究者であるディナ・ギリオ・ウイタカーで、「自然を収奪しながら経済成長を遂げてきた結果、今回のパンデミックが起きた。自然と共存しながら生きてきた先住民のコミュニティから学ぶべきである」と指摘している（ドイツ環境省ホームページほか）。

もうひとつ考えなければならないことがある。WHO（世界保健機関）がパンデミック宣言を出した際にもっとも懸念したのが、アフリカでの感染拡大だった。公衆衛生が行き届かず、医薬品やワクチンも行きわたらない地域が多かったからである。ところが事態は逆であった。アフリカでは感染は広がらず被害は少なかった。感染が爆発的に広がり被害が大きかったのは、欧米や日本などの先進国だった。これは次に来るパンデミックへの対策を考えた際に、大きな示唆をもたらしてくれる。アフリカの人たちが持つ自然免疫力の強さが、感染での被害を最小限で食い止めた。逆に、いかに先進国で進んだ清潔社会が自然免疫力を低下させてきたかが示されたのである。

戦争は最大の環境破壊

そのパンデミックの最中に、ロシア軍によるウクライナ侵略が始まった。これまでも戦争は、多くの人々の命を奪い、深刻な悲劇をもたらすとともに、最大の環境破壊であったし、これからもあり続けることは間違いない。戦争は、絶対に起こしてはいけない人類最大の犯罪である。それが現実に起きてしまった。しかし、戦争が起きているのはウクライナだけではない。中東、アフガニスタン、クルド、ソマリア、ミャンマーなど多くの国や地域で起きてきている。中国政府による香港やウイグル抑圧もまた、戦争といっていいかもしれない。

それに対応して日本政府もまた、軍事予算を倍増し、急速な軍事大国化、戦争をする国づくりを進めている。果てしない軍拡競争が、さらに大きな悲劇に結び付く危険性が強まっている。繰り返すが、戦争は最大の環境破壊でもある。

ウクライナは、チェルノブイリ原発事故を経験し、放射能汚染の恐怖を味わった国である。汚染は現在も続いている。そのウクライナで原発が攻撃を受けるという事態に至った。戦争は、情け容赦ない。原発がその最大のターゲットになることを示した例といえる。

日本では、福島第一原発事故という大規模な放射能汚染事故を経験した。戦争は、その大規模な事故を意図的にもたらす危険性があることを示した。世界各地に原発がある今、従来にはない、新たな放射能汚染の危険性が増幅したといえる。パンデミックと戦争が、地球環境問題に大きな変化を与えつつあることは確かなことである。

太陽光発電も巨大化とともに自然破壊が広がる（山梨県北杜市）

脱炭素化と原発復活、ハイテク化

いま地球環境問題の主役は、温暖化対策に集約されてきており、脱炭素化がその対策の主役になっている。そのことが環境問題への対策を歪めているといえる。

1988年ごろのことである。原発推進を盛んに喧伝していた学者や企業が、急に環境保護論者に変わる、という出来事があった。チェルノブイリ原発事故のあと、原発推進派の科学者と反対する科学者などが討論を行うという場面が多くなり、やがて日本中に広がった。そこで原発推進派の人たちが急に地球環境保護を言い始めたのである。その人たちは、温暖化問題こそが地球環境で最大の課題だといい、その主原因は化石燃料の消費であり、化石燃料を減らすためには原発が必要だという論理だった。その論理は、今も生き続けている。

脱炭素化での原発推進と並ぶもう一つの主役が、再生エネルギーである。

太陽光発電や風力発電が、人家から離れ、小規模の段階はよかった。しかし巨大化し林立するようになり、大規模な自然破壊をもたらし、時には土砂災害を招いている。経済の論理が優先され、巨大化・効率化が進められた結果である。いま、これからの再生可能エネルギーの主役は、洋上風力発電に移行しつつある。海の上であれば、人間が住むところから離れ、低周波公害などは起き難いかもしれないが、海の生態系に大きなダメージを与え、漁業にも大きな影響をもたらす可能性がある。バイオマス発電では、原料の樹木の伐採が各地で進み、山のいたるところで無残な姿をさらしている。またパームオイル生産のため熱帯雨林のいっそうの破壊も起きている。

脱炭素社会に向けた動きは、新たな分野で環境を破壊しかねない状況にある。それはエネルギーの分野にとどまらない。現在、世界的に政府や企業が進める脱炭素社会の三つ目の主役が、ハイテク化・バイテク化である。一方でAIとかビッグデータ、5G・6Gといったハイテク化により、効率をアップさせることで対策にしようとしている。他方で今までの石油とか化学技術に代わるものとして、バイオテクノロジーを使おうという動きも積極的に進めている。遺伝子組み換えやゲノム編集技術を応用して効率アップを図ろうというのである。経済を優先するいまの社会は、原発や再エネを推進する動きに、ハイテク化・バイテク化を加え、脱炭素化を口実にした新たな地球環境の破壊をもたらそうとしているのである。

第1部　地球環境問題とは何か?

地球環境問題の原点

環境問題は当初、公害と表現されてきた。出発点は、足尾鉱毒事件や水俣病に代表される、悪質な企業による特定の地域、河川、周辺海域といった、限られた範囲での深刻な環境汚染と、それがもたらす人々の健康被害だった。その後、生産力が発達し、川崎や四日市などのコンビナートがもたらす排煙が広範な地域での喘息などの健康被害をもたらすようになった。工場建設、流通網の建設などのために海の埋め立てや森林伐採などの自然破壊が進んだ。それとともに自動車による排ガス汚染やごみ問題などが全国化し、工場廃水や合成洗剤などにより多くの河川や近海は汚染され、徐々に汚染は全国へと広がっていくのである。

このように環境問題は、最初は点から始まり、線になり、面になり、ついに全国化したのである。しかし、汚染はそこにとどまらず、さらに範囲を広げ越境していく。そして地球規模での環境問題へと発展したのである。

地域が広がり、汚染が拡大するとともに、質も変化してきた。特に大きかったのは、化学物質による健康被害である。とくに環境ホルモンと呼ばれる化学物質による汚染は、ごく微量でも人間の健康被害を引き起こし、自然界に深刻な異変をもたらすことが分かってきた。それはホルモンが、ごく微量で体をコントロールしているため、ごく微量の化学物質によりそのコントロールが攪乱されるためである。とくに生殖ホルモンの攪乱は、次の世代以降を奪ってしまう。

さらに最近分かってきたことは、ダイオキシンなど一部の化学物質により重篤な障害や病気を受けた際、その健康被害がその世代にとどまらず、世代を超えて受け継がれることである。これまでは発がん性や遺伝毒性などが問題になり、さらにごく微量でホルモンがかく乱されることにより深刻な影響が起きることが問題だった。しかし、その影響がその世代にとどまらず、さらに次の世代、その次の世代と、世代を超えて受け継がれてしまうことが分かったのである。

地球環境問題で提起された6のテーマ

地球規模での環境破壊の問題がクローズアップされ始めたのは、1972年からだった。この年スウェーデンのストックホルムで人間環境会議が開かれ、日本から水俣病の患者がストックホルムまで行ったことなどが話題になった。

1980年代から地球規模での環境破壊が深刻化し、マスメディアの報道の伝え方も、1980年代前半から92年頃が一番多かった。このとき地球規模の環境問題として、6つのテーマが提起されたのである。

第一のテーマが温暖化で、1992年にブラジルのリオデジャネイロで開かれた国連環境会議で気候変動枠組み条約が採択された。条約は成立しても、実効性のある解決は見いだせないまま今日に至り、大きな国際問題に発展してきている。

第二が、オゾン層破壊による紫外線増加である。紫外線は生命体の存在に大きな影響をもたらす。このオゾン層破壊の主原因であるフロンガス排出の問題、これは温暖化対策より早く取り組みが始まった。なぜ早く始まったかというと、現在の文明社会の中心が白人社会であり、紫外線が増えて最初に影響を受けるのが防御の弱い白人だからである。オゾン層の保護に関するウィーン条約およびモントリオール議定書が 1987 年 9 月に採択され、本格的にフロンガスの規制が始まった。

第三が、ブラジルなどやアジア、アフリカにおける熱帯雨林の破壊の問題である。森林がどんどん減少しており早く手を打たなければ大変だということから、1992 年の国連環境会議で、気候変動枠組み条約とともに、生物多様性条約が採択された。この条約では、熱帯雨林に加えて、自然全体が保護の対象になった。しかし、この生物多様性条約もまた、気候変動枠組み条約とともに、今日に至るまで、なかなか実効性が伴わないまま推移している。

そして第四が、砂漠化の問題である。特にアフリカでの砂漠の拡大のため、砂漠化対処条約が 1994 年 6 月に採択された。しかし、この砂漠化防止の条約もまた、多国籍企業によるアフリカへの進出で、砂漠は拡大の一途であり、実効性が伴っていない。

第五が、酸性雨の拡大である。これはオゾン層への対応とともに、対策は早かった。酸性雨でもっとも深刻な影響を受けたのが針葉樹林帯だった。針葉樹林帯は、一度破壊されるとなかなか回復が難しい。特に一番影響が大きかったといわれるのが、南ドイツに広がっているシュヴァルツヴァルト（黒い森）で、酸性雨で枯死する樹木は広がった。そのためヨーロッパを中心にこの問題への取り組みが広がり、いち早く長距離越境大気汚染条約（ウィーン条約）が 1979 年 11 月に採択された。しかし、この条約も実効性が乏しかった。

はずされた放射能による地球被曝

これらに加え、6 大テーマの一つとしてあったのが、放射能汚染だった。1980 年代に入り地球環境問題への注目がピークを迎える最中に、1986 年、チェルノブイリ原発事故が起きた。当時、地球被曝という言葉で述べられたように、地球全体、特に北半球全体が放射能で汚染され、地球環境問題とし

福島第２原発

て大きなテーマになったのである。ところがこの放射能汚染に対しては、国際条約は採択されなかった。

個別のテーマでの条約での対応となった。例えば、核のゴミの海洋投棄が問題になったことがある。これに対しては 1972 年にロンドンで採択された「廃棄物その他の物の投棄による海洋汚染の防止に関する条約」（通称：ロンドン条約、1975 年 8 月に発効）で対応することになる。しかし、これはゴミの海洋投棄全体の問題を規制する国際条約であり、核のゴミの問題に特化したものではない。放射能汚染については何も規制する国際条約ができなかった。福島第一原発でのトリチウム等の放射能汚染水の放出は、ロンドン海洋投棄条約に違反するのでは、ということが一時焦点にはなったが、結局、薄めて流せばよいということで、放出が始まった。また、2023 年 6 月 19 日に採択された「国連公海条約」も、批准までの道のりは遠い。こうして地球規模での放射能汚染に関しては、無視されてきたということができる。

21 世紀に入り、今日に至るまで、この地球環境問題の主役は気候変動問題である。国連により SDGs が提起され、持続可能な社会への脱皮が求められ、それを受けて脱炭素化が、社会全体で取り組まれるようになってきた。

地球環境問題というと気候変動であり、対策というと脱炭素化となったのである。そこでは他のテーマが見失われてしまっただけでなく、その脱炭素化の方向も本質的な解決とは程遠い、おかしなものになっているのである。その一つの事例が、原発の復活である。福島第一原発事故以来、世界的に進んできた脱原発の流れが止まっただけでなく、大きな逆流が起きている。地球環境問題から放射能汚染が外されたことで、起きた奔流といえる。

気候変動とは何か？

いま、地球環境問題は気候変動問題が主役になっている。気候変動とはいったい何か。またその原因は何か。温暖化をもたらす物質はけっして二酸化炭素だけではない。あるいは二酸化炭素の増加をもたらす要因には、化石燃料以外にさまざまなものがある。気候変動問題の原因としては、第一に熱帯雨林の破壊を挙げることができる。植物は二酸化炭素を吸収して酸素を排出する。熱帯雨林の大規模な破壊が二酸化炭素の吸収を減少させる大きな原因になっている。それから、海洋汚染がある。海に生息する藻などの生物もまた、二酸化炭素を吸収し酸素に変えてくれる大きな役割を果たしている。海洋汚染で海の表面に油などが広がっており、その呼吸が阻害されている。

このように環境汚染が大きな原因であるにもかかわらず、その対策は一向にはかどらない。これに温室効果ガスという問題が加わる。その温室効果ガスもまた多種類ある。二酸化炭素以外にも、フロンガス、メタンガス、亜酸化窒素とある中で、二酸化炭素がどれくらいの割合かというと、実はまだよくわかっていないのである。温室効果をもたらす割合も、二酸化炭素は比較的低い方で、フロンガスなどは高い。ただ量的には圧倒的に二酸化炭素が多いことから、やはり二酸化炭素を無視するわけにはいかないのである。

では、この温室効果ガスとしての二酸化炭素を増やしているものとはいったい何か。最大の要因は、今の社会がもたらしている成長を是とする経済活動である。相変わらずエネルギー多消費構造のまま放置している現代社会の在り方にその原因がある。現在の資本主義の構造そのものが、その原因だといえる。

この構造をそのままに、政府は脱炭素社会を掲げている。経済成長を前提に脱炭素化を進めているため、政府が取り組んでいるのがハイテク化・バイテク化である。いわゆるAIやバイオテクノロジーを駆使して二酸化炭素の排出を抑える仕組みを作ろうとしているのである。そのことが、この社会にさらに歪みをもたらしているだけでなく、新たな環境への脅威をもたらしている。地球環境は、新たな危機に直面しているともいえる。

暮らしや環境に新たな脅威をもたらすAI社会

いま、ネット社会と呼ばれる、インターネットを中心に動く社会がつくられ、便利さと裏腹に超管理・監視社会が出現しつつある。同時に電磁波を日常的に被曝する環境をもたらし、社会の脆弱化や心やからだの健康を脅かす状況が広がっている。

その進行は、新型コロナウイルスによる感染症拡大によるネット利用の増加でさらに深刻化した。このような状況がすすめば、人びとは便利さを享受するとともに、非人間的な状況が深刻化し、新たな環境問題を現出させることになる。立ち止まって、いまの状況を根本的に見直す必要がある。しかし、残念ながら政府も大企業も大学も研究者も、ネット社会をさらにすすめるための研究や開発に邁進こそすれ、立ち止まり考えたり、見直したりするようには動かない。

その背景には、政府の提起している次世代社会の構想「ソサイエティ（Society）5.0」を実現するためのイノベーション戦略がある。ソサイエティ5.0とは、狩猟、農耕、工業、情報社会に続く人類史上５番目の社会ということである。先端技術が国や社会、教育までも動かす社会といっていいだろう。イノベーションとは、以前は技術革新と訳されていたが、今は技術革命と呼ぶことがふさわしい言葉になっている。その柱が、AIやネット化、バイオテクノロジーである。

いま社会は、あらゆるものをインターネットにつなげ、社会全体を可能な限り自動的に動かすことをめざしている。現在のところ５Ｇがその主役であり、さらに６Ｇ、７Ｇへと進んでいる。５Ｇそのものは、第５世代移動通信システムのことで、それ自体は、通信技術のことだが、政府や企業はいま総力を挙げて、その5Gを基盤にした社会づくりをめざしている。

５Ｇ社会の目的は、機械や端末など、ありとあらゆるものから発信・受信される電磁波によって、操作し、管理する「スマート社会」を作り上げることである。ここでいうスマートとは、自動化という意味に近い。自動車であったり、掃除機であったり、工作機械であったり、医療機器であったり、スマホであったり、文字通りありとあらゆるものが想定されている。あらゆるものから発信されたさまざまな情報はすべてインターネットにつながり、クラウドの形をとったビッグデータとして次々に集積され、AIがそのデータを解析し、その解析された情報を受信して自動的に操作されていく仕組みである。

発信・受信が、ありとあらゆる分野に及ぶため、情報量をけた違いに多く処理しなければならず、瞬時に対応できる仕組みでなければならない。例えば、自動車の自動運転では、さまざまな状況に対応しなければいけない上に、事故を防ぐために瞬時に対応できなくてはならない。情報処理量が格段に増えるとともに、それを瞬時に処理できるスピードも求められる。

危険な周波数帯の電磁波汚染

機械やスマホなど、その発信するあらゆるものの端末と基地局とのやり取りは電磁波が担う。その電磁波もきわめて高い周波数帯が用いられる。情報量を多く伝えるためには、周波数が高ければ高いほどよい。電磁波の波の数が多いからである。しかし、その分危険性も増すし、日常的に大量の特殊な電磁波が環境中を飛び交うことになる。こうして電磁波を使って工場や自動車、店舗、各家庭などの、さまざまな製品、機械や装置などが稼働し、社会や経済が運営され、人びとの行動もそれに規定・規制されることになる。

5Gでは、電磁波の発信源はスマホなどの端末機器にとどまらず、ありとあらゆる機械や道具に内蔵されており、そこから発信した電磁波がインターネットにつながり、都市全体、国全体を動かす基盤になっていく。それは裏返すと、社会全体の情報が、家庭の内部の情報まで含め、すべて提供されることになる。個人の情報は筒抜けになるだけでなく、その情報が利用され、最終的には国によって管理・監視されることにもつながっていく。いま個人情報は、マイナンバーを通して国が管理しており、そのマイナンバーが健康保険や運転免許証とつながることで、健康や病気、日々の行動、預金通帳の管理を通して資産状況まで、国が掌握する仕組みが作られつつある。それと同時に、5G社会は、いたるところで電磁波が飛び交い、日常的に電磁波に被曝する社会でもある。

5Gでは、これまで経験がないほどの高周波が用いられる。高周波ほど、エネルギーが強いが、その分、飛距離が短くなる。そのため中継塔や中継基地がけた違いに増える。周波数が赤外線に近づき、水や酸素といった環境の影響を受けやすくなる。そのため近い距離での交信が必要になる。その結果、いたるところで電磁波が飛び交う環境になる。そこで Massive MIMO と呼ばれる複数のアンテナを用いた通信技術を用いることになる。多数のアンテナとやり取りすればそれだけ信頼性が増すからだ。それとともにビームフォーミングと呼ばれる特定の方向に集中して発射する方法も組み合わせる。近くにアンテナがない場合、集中して発射して遠くまで飛ばす方式である。ホースで水を撒く際に、先端部分を小さくして遠くまで飛ばすが、それと似た方式である。電磁波による被曝がけた違いに危険になる。

化学物質汚染――ダイオキシンと環境ホルモン

化学物質汚染の代表が、ダイオキシンと環境ホルモンである。近年、このダイオキシンと環境ホルモンによる生態系への影響や人体汚染と健康への影響については、ほとんど報道されなくなった。

ダイオキシンは、史上最悪の化学物質といわれ、強い発がん性と催奇形性をもつ有害物質である。ダイオキシン汚染がなくなったわけではない。報道されなくなったのである。最初、ベトナム戦争の枯葉剤に不純物として含まれ、ベトナムの大地を汚染し、たくさんの人の健康に悪影響をもたらした。その後、私たちの身の回りで、ごみを焼却した際に生じる有害物質として問題になってきた。愛媛大学が行った、段ボールに塩ビを混ぜて燃やす簡単な焼却実験で、ダイオキシンの発生を確認しているほど容易に発生する。

その容易に発生したダイオキシンが人体にまで及ぶことで、深刻な健康破

壊をもたらす可能性が指摘された。人体汚染をもたらす食品の代表が、魚介類である。ごみ焼却で発生したダイオキシンがまず大気汚染物質となり拡散し、容易に分解されないことから、やがて落下し、河川や海に流れ込みプランクトンを汚染し、そのプランクトンを介して魚介類に取り込まれ、生物濃縮を起こし、食品として食卓に登場するからである。その後、ごみの焼却時の温度を高温にするなど対策を講じたことで、発生量が抑えられるようになったが、なくなったわけではない。

では、なぜ報道されなくなったのか。ダイオキシンはそれほど有害ではないという、企業寄りの学者の発言が強まったことが原因である。ダイオキシンと同様に深刻な健康への影響が問題になったのが環境ホルモンである。ホルモンに似た構造を持つ化学物質が、ごく微量でも体内に取り込まれると、私たちの体内で分泌されるホルモンをかく乱して健康被害を引き起こすことが明らかになったからである。とくに問題になったのが、生殖ホルモンへの影響で、精子の異常や、不妊や子宮内膜症などの原因になることが分かってきた。一部のプラスチックや添加剤、農薬などがリストアップされた。この環境ホルモンも報道されなくなった。「環境ホルモン空騒ぎ論」と呼ばれる、有害ではないと主張する企業寄りの学者の発言が強まったことが挙げられる。ダイオキシンは、環境ホルモンでもある。EU では、環境ホルモンは今日においても大きな問題であり、化学物質の毒性を評価する際に、重要な指標になっている。しかし、日本ではまったく問題にならなくなってしまった。

枯葉剤の影響は世代を超えて受け継がれている

そのダイオキシンや環境ホルモンとしてリストアップされた化学物質の一部による被害が、さらに深刻な問題を引き起こしていることが明らかになった。その被害が、世代を超えて伝えられていることが分かったからである。その一つがベトナム戦争の枯葉剤による健康被害である。

ダイオキシンの影響が最初に伝えられたのが、ベトナムの地である。米軍がゲリラ対策として打ち出したのが、ジャングルを枯らす枯葉剤の散布だった。さまざまな除草剤がまかれたが、最も多く撒かれたのが、2,4,5-T と 2,4-D を組み合わせたオレンジ剤だった。米国モンサント社（現在はバイエル社に買収された）が開発・製造したこのオレンジ剤の中に不純物として含まれていたのが、ダイオキシンだった。枯葉剤を散布した地域で流産・死産が異常に増え、やっと生まれてきたと思ったら、その赤ちゃんはベトちゃんドクちゃんに代表される障害をもった子どもが多かったのである。この被害は、ベトナムの人々だけではなかった。米軍兵士にも多くの被害者が出た。

坂田雅子監督が撮影した映画「失われた時の中で」（2022 年上映開始）は、ベトナムの地を訪れ、枯葉剤の悲劇を今に伝えるドキュメンタリー映画である。坂田監督の夫はベトナム戦争に従軍し、枯葉剤を浴びた。そして若くして癌でなくなったのである。その夫の遺志を受け継いで、映像技術を一から学び、ベトナムの地を訪れ、映画製作に取り組んだ。これまでにもいくつかの作品を発表してきたが、最近また現地を訪ね、枯葉剤被害を改めて取材したのである。

そこには、枯葉剤がまかれた地域で新たに生まれてきた数多くの障害をもった子どもたちが登場する。戦争終結からすでに半世紀がたっている。有害化学物質の影響が世代を超えて受け継がれていることが、映像を通して浮き彫りにされたのである。

カネミ油症、農薬でも世代を超えて受け継がれる影響

ダイオキシン類には大きく分けて、3種類の化学物質がある。ダイオキシン、ジベンゾフラン、コプラナーPCBである。この中のジベンゾフランがもたらした食品公害事件に「カネミ油症事件」がある。この食品公害事件の被害者の間でも、世代を超えて被害が受け継がれていることが分かった。

同様のケースは、除草剤のグリホサートでもある。グリホサートは商品名ラウンドアップなど、さまざまな除草剤の主成分に使われている化学物質である。グリホサートは、日本ではもちろん、世界でも最も多く用いられている除草剤である。この除草剤がもたらす深刻な健康障害が、被害を受けた人にとどまらず、次世代、3世代さらにそれ以降にも影響にも引き継がれることが動物実験で分かったのである。この研究を発表したのはワシントン州立大学のマイケル・スキナーらの研究チームで、グリホサートに暴露したラットの子孫に、前立腺、腎臓、卵巣の疾患や、出生異常が見られた。第二世代では肥満に加えて、精巣、卵巣、乳腺の疾患が著しく増加していた。第三世代では、雄に前立腺の疾患が増え、雌に腎臓の疾患が増えていた。二代目の母親の3分の1が妊娠せず､3代目では雄雌合わせ､その5分の2が肥満だった。原因は、精子でのエピジェネティックな異常がもたらした遺伝子の機能の変化と見られている。

世代を超えて受け継がれる被害をもたらす原因が、このエピジェネティックな異常である。ではこのエピジェネティックな影響とは何なのか。それは、遺伝子を働かせたり止めたりする、スウィッチの役割を担っている、DNAの修飾やDNAを覆うヒストンと呼ばれるたんぱく質の修飾の異常である。この異常は世代を超えて受け継がれていく。負の遺産が、子や孫、さらに次の代というように、ずっと受け継がれてしまうからである。改めて有害化学物質を取り込んだ時の怖さを伝えているといえる。

バイオテクノロジーが増幅させる破滅的影響

地球環境に脅威をもたらし、私たちの日常を大きく変えようとしている技術にバイオテクノロジーがある。AI や5G などのハイテク化とともに進められているのがこのバイテク化で、その応用が劇的に進んでおり、それは一線を越えた生命操作の時代に入ったといってもいいほどである。すでにコントロール不能な領域に踏み込み、原発と同様、巨大事故に匹敵する惨事をもたらしかねない事態になっている。

この生命を操作する技術には、いつも一線を超えてはいけない領域があった。そのひとつとして生命倫理がもたらしたものに「神の領域」とされ禁忌とされた領域がある。さらに、新たな生命体を作り出すことからくる、生命体の破壊とバイオハザードの危険性の増幅がある。いま、その越えてはいけない一線がどんどん冒されている。

それをもたらしたものが、遺伝子組み換え、ゲノム編集、そしてクローンやキメラ、iPS 細胞、ES 細胞、さらに合成生物学といったように次々と登場する生命操作技術の数々である。これらの生命操作技術に、ビッグデータや AI が威力を発揮して、生命操作の分野を大きく変えており、もはやタブーはなくなったといえる。一線を超えた領域は、遺伝子の扱い、胚や細胞の扱い、生殖や出生にかかわる扱いなど多岐に及ぶ。

その応用の拡大が始まったのは、1980年前後に相次いだ、体外受精と脳死・臓器移植の登場である。それまで自然に受け入れられていた命の始まりと終わりが、この時、人為的に操作できるようになったのである。同じ時期に遺伝子組み換え技術の応用も進められるようになった。こうして医療・医学と遺伝子操作が結合して、操作の範囲は一挙に広がっていくのである。

生殖操作では人工授精、体外受精から始まり、精子銀行・卵子銀行、産み分け、受精卵移植、代理出産、受精卵凍結、精母細胞・卵母細胞利用など、さまざまな操作技術が登場した。それは出生前診断のような、倫理的に大きな課題をもたらすような、新たな問題をもたらした。

細胞操作では、細胞融合、受精卵クローン、体細胞クローン、キメラ、そ

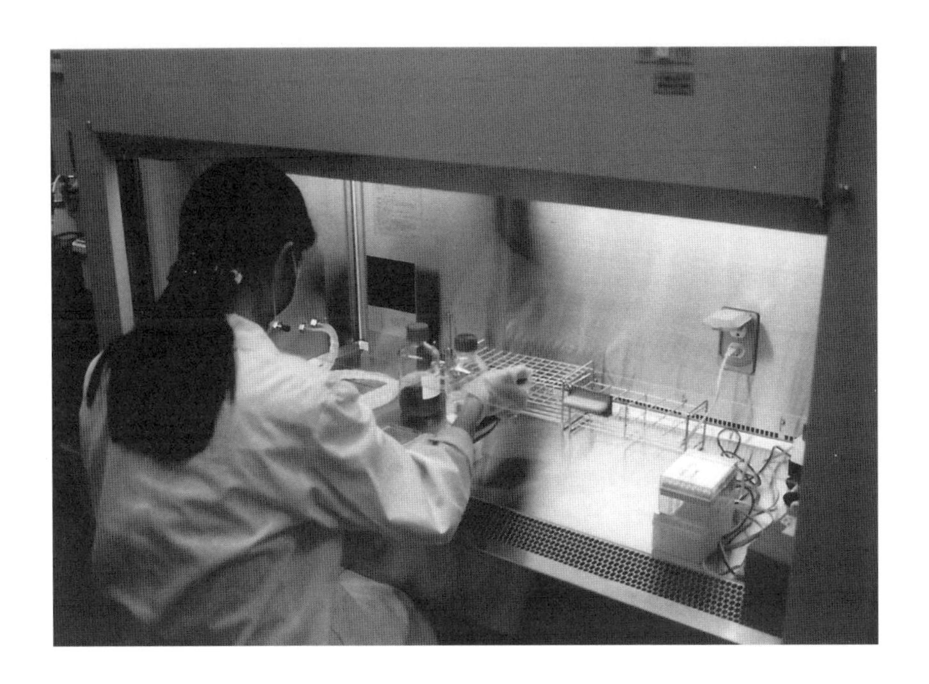

してES細胞やiPS細胞の登場に至っている。体細胞クローン羊のドリーの誕生は衝撃的だった。いまや動物性集合胚と呼ばれる動物と人間の雑種づくりまで容認されている。

遺伝子操作ではDNA、RNAの人工合成、遺伝子組み換え、ゲノム編集に至っている。いまやメッセンジャーRNAワクチンに代表される、医薬品やワクチンへの応用も進んでいる。これらの生命操作技術は、画像処理技術やビッグデータやAIが加わり、飛躍的に発展してきた。中には合成生物学のように、生命体を人工的に作り出す動きも活発になっている。以前は神の領域の侵犯が問題になっていたが、いまや人間が神となってしまった、といえるかもしれない。

このことは生命倫理の領域に鋭く問題を突きつけただけではない。これまで地球上に存在しなかった生命体を日々量産しているため、その生命体が環境中に拡散した時、後戻りできないような破滅的な影響をもたらす可能性が出てきたのである。生命体がもつ大きな問題は、自己増殖することにある。その可能性は日々強まっている。

いま地球環境問題は、このように新たな課題が突き付けられた状況にあるといっていい。私たちが取り組まなければいけない課題は劇的に増えた。だが、それを解決しようという方向にない。その舵を切り替えるために、私たちの日々の暮らしの中で、何ができるのだろうか。それを考えてみたい。

第2部　身近な環境汚染

1
農薬による体内汚染

農薬は毒ガス兵器が生み出した殺生物剤

農薬は、戦争が生み出した毒物である。パラチオンなどの有機リン系殺虫剤は、ナチスが開発し用いた毒ガス兵器を、戦後、殺虫剤に応用したものである。DDT などの有機塩素系殺虫剤は、米軍がジャングル戦などで用いたものである。当時は、実際の戦闘で死ぬよりもマラリアなどの病気で死ぬ人が多く、病気を媒介する蚊を殺すために用いられた。戦後、米軍が日本の子どもたちの頭に、シラミ退治を目的に DDT を撒いたことは有名である。

戦後まもなく、これらの殺生物剤が農薬として使われるようになり、農家の間に深刻な健康被害をもたらした。急性毒性が強く、影響が大きな殺虫剤は、次々と使用が禁止されたり製造されなくなり、低毒性が売り物の殺虫剤が次々と登場するようになる。しかしその後、最初は低毒性で売り出された殺虫剤が、けっして低毒性ではないことが分かり、使用されなくなる事態が繰り返された。現在よく使用されているネオニコチノイド系殺虫剤もまた、それにあたる。

最初、除草剤としてよく用いられていたのが PCP だった。この PCP がまかれると、田んぼから鳥、昆虫や魚などの生物がいなくなった。「沈黙の春」の訪れである。このように農薬が自然を破壊し、人びとの健康を破壊してきた。目に余る農薬による生態系破壊、人間の健康破壊が起きたことで、相次いで製造・使用や販売などの禁止や規制が繰り返された。

次々と登場する新しい農薬の多くが、急性毒性は確かに弱いものの、慢性毒性や遺伝毒性などはけっして弱くはなかった。除草剤では PCP に代わり 2,4-D、CNP といった除草剤が用いられた。しかし、2,4-D は 2,4,5-T と一緒に製剤化し、ベトナム戦争で枯葉剤「オレンジ剤」として使用された。このオレンジ剤には不純物として高濃度のダイオキシンが含まれ、死産や流産の多発に加え、障害を持った赤ちゃんを多数誕生させたのである。日本ではPCPに取って代わり、低毒性を売り物にCNPがよく使われた。しかし、この除草剤にもダイオキシンが高濃度で含まれていることが分かり、使われなくなった。これらの除草剤に変わり使用量が増えていったのがグリホサート、商品名はラウンドアップである。しかし、この除草剤もまた、いまや低毒性ではないことが明らかになってきたのである。このラウンドアップもまた、中南米で枯葉剤として用いられた。いまでも農薬と戦争は、切っても切れない関係にある。

ネオニコチノイド系農薬による体内汚染

いま農薬による体内汚染が深刻さを増している。農薬は、とくに子どもたちの成長に悪い影響をもたらすため、懸念が強まっている。市民団体デトックス・プロジェクト・ジャパン（共同代表・山田正彦ほか）が、除草剤のグリホサートの髪の毛を用いた検査に続いて、殺虫剤のネオニコチノイド（以下、ネオニコ）系農薬の体内汚染の検査を、尿を用いて始めた。

本格的な検査を始めるにあたって、まず予備検査を、同団体のメンバーの尿を用いて行った。分析したのは農民連食品分析センターで、同センターはあわせて農民連の農家の検査も進めた。検査した人の大半が、有機農産物など安全な食べ物を食べている人たちである。そのため、検出されない人が多いと見られていた。ところが、わずかとはいえ全員から検出されたのである。食事の中身にこだわらない人からは、高い濃度で検出された。

ほとんどの人が、わずかな検出量で、すぐに影響が出ることは考えられず、深刻に考える必要はないにしても、全員から検出されたことに驚かされた。以前、環境省から３歳児の尿の検査を行い、全員から農薬が検出されたと報告されていたが、それを実感となって感じたのである。水道水からも検出されることがよくある。いまや農薬汚染を避けることができないことが明らかになった。

ネオニコ系農薬は、日本で最も多く使用されている殺虫剤である。ネオは新しい、ニコチノイドはニコチンに似た、という意味で、強い神経毒性を持ち昆虫を殺す。世界的にはミツバチの減少を加速したことで、大きな問題となってきた。人間と昆虫では、神経のシステムが似ているため、人間にも影響することが分かっている。アレルギーや脳の発達障害をもたらす可能性がある危険な農薬として問題になってきたのである。長期にわたり微量といえども摂取し続けることは、将来的に思いがけない悪い影響をもたらす可能性がある。北海道大学の池中良徳さんの調査では、新生児の尿からも検出されており、母親の摂取した農薬が胎児に移行した可能性が示されている。

EU は、2013 年からネオニコ系農薬の使用を段階的に禁止し始めている。世界的にも禁止や規制をする国が増えている中、日本はむしろ作物などへの残留基準を緩めてきた。この促進策により、いまでもコメや野菜など幅広い作物に大量に使用され、残留しているのである。

ネオニコ系農薬は 7 種類ある。農民連食品分析センターの八田純人所長によると、そのなかで最も多く使用されているジノテフラン（開発したのは三井化学アグロ社）が、検出件数でも量でも最も多く見られるそうである。またネオニコ系農薬に類似した農薬で神経毒性が強いものに、ペットのノミやダニ取りなどに用いるフィプロニルと、最近増え始めたスルホキサフロルがあり、これらを合わせてネオニコ系農薬といっている場合もある。スルホキサフロルは国内での生産量が少ないものの、海外での使用が増えているため、今回の調査でも、カカオでの残留が原因とみられるチョコレートをよく食べる人からの検出が見られた。また、家族で同じような食事をしていると、どの農薬の種類が多いかという検出のパターンも似てくる。加工食品を多く摂取し、野菜をあまり食べない人からは検出される量が少ないのだが、それはそれで栄養バランスや食品添加物などほかの面が問題になってくることになる。

日本では農業において、このネオニコ系農薬の使用量は多く、さまざまな食品から摂取する可能性がある。この農薬は、浸透性農薬と呼ばれ、根から吸わせて全体に行き渡らせ、虫が作物をかじると農薬を摂取し死ぬという仕組みである。そのため、洗っても落ちない。しかも、なかなか減少しないため農薬散布の回数が少ないため、「低農薬」あるいは「特別栽培米」といった表示で販売されている作物にもよく使われている。

食べものだけでなく、各家庭で用いる殺虫剤などでも、ネオニコ系農薬はよく使われる。アリやコバエなどの駆除剤、家庭菜園や樹木の殺虫剤、シロアリ対策剤など幅広く用いられている。暮らしの中の農薬の場合、農地での使用と異なり、農薬取締法の「目的外使用」にあたり、農水省の監視・監督もほとんどなく、野放しに近い状態になっている。もし使用している殺虫剤などがあったら、確認する必要がある。

表　ネオニコ系農薬の種類

ネオニコチノイド農薬 ジノテフラン、アセタミプリド、イミダクロプリモ、ニテンピラム、クロチアニジン、チアメトキサム、チアクロプリド（以上、コメや野菜など食べものによく使われている。家庭用殺虫剤にも使われている） **ネオニコ類似農薬** フィブロニル（ペットへの使用が多い）、スルホキサフロル（輸入食品に残留している可能性がある）

除草剤グリホサートによる体内汚染

グリホサートは世界中で、ずば抜けて多く使用されている除草剤である。もともとモンサント社が1970年に開発したもので、同社は1974年に、そのグリホサートを主成分に「ラウンドアップ」という商品名で販売を開始した。そして現在まで、世界中で約1000万トンが散布された。作物だけでなく、芝生、公園、ゴルフ場、河川敷、校庭など、さまざまなところで散布されてきた。

この除草剤の使用量が激的に増えていくのが、1996年の遺伝子組み換え（GM）作物の栽培開始である。モンサント社が除草剤耐性作物を開発し、ラウンドアップとセットで販売してから、その使用量が激的に増えていったのである。現在栽培されているGM作物の9割近くが除草剤耐性作物であり、そのほとんどがラウンドアップ耐性である。

使用量がうなぎ上りに増えて行くにつれて、人体汚染が拡大・深刻化して

コラム

RNA 農薬

化学農薬に代わり開発が活発化してきたのが、RNA 農薬である。農薬メーカーが、従来の化学農薬に代わるものとして、殺虫剤や除草剤として開発を進めている。この遺伝子を用いる農薬は、RNA 干渉法という遺伝子の働きを妨げる方法を利用して、虫を殺したり、草を枯らす。

RNA 干渉法とは、標的とする特定の遺伝子の働きを阻害する技術である。すでにバイエル社、BASF 社、シンジェンタ社などの農薬企業が、この農薬の開発を進めており、ジャガイモの害虫コロラドハムシを対象にした殺虫剤などがすでに開発されている。

遺伝子の働きは、DNA にある遺伝情報が mRNA に写される。その mRNA に転写された情報に基づいてアミノ酸がつなげられ、そのアミノ酸がつながったものが蛋白質である。これが遺伝情報の基本的な流れである。RNA 干渉法は、特別に加工した RNA を用いて mRNA の段階で遺伝情報を妨げる方法である。

殺虫剤として散布する農薬の場合、アポトーシス（突然死）遺伝子を働かせるようにしている。壊すのは、アポトーシス阻害因子と呼ばれる、突然死が起きないよう重要な働きをしている遺伝子である。この遺伝子を壊すと、突然死が起き、殺虫剤として機能させることができる。

RNA 農薬には、2 種類ある。加工した RNA を農薬として散布し虫の中に侵入させ殺す方法と、遺伝子組み換え技術で同様の RNA を植物の細胞内に作らせ、それをかじった虫の体内に侵入して、その虫を殺す方法である。後者の農薬は現在すでに、バイエル社によって実際に作物が作られている。日本でも、基礎生物学研究所の新美輝幸教授らの研究チームが、この農薬の研究を進めている。

しかし、この RNA 農薬にはさまざまな点で問題点が指摘されている。RNA 農薬を散布した場合、標的の害虫のみならず、ミツバチなどの益虫や、人間も含む動物の遺伝子まで阻害し、害を及ぼすのではないかという懸念がある。たとえば死に至らないまでも、繁殖に必要な遺伝子を抑制してしまうなど予期せぬ影響が起き得る。実際に RNA 農薬が、土壌微生物に影響を及ぼした、という研究もある。この農薬の安易な使用拡大は、生物災害という取り返しがつかない大きな災害につながる危険性がある。

いく。米国カリフォルニア大学サンディエゴ校医学部などの調査によると、高齢者での尿からの検出率を見た時、12％（1993-1996年）、30％（1999-2000年）、70％（2014-2016年）と増え続けた。1996年からのGM作物の栽培拡大が大きく影響していることが見てとれる。検出率に加えて、平均検出濃度でも1993-1996年に比べて2014-2016年では約2倍に増えていた。米国から始まり、いま世界中に広がっている運動にデトックス・プロジェクトがあるが、そこによる米国のプロジェクトの調査でも、2015年に行った予備調査で人の尿のサンプルの93％からグリホサートが検出された。

グリホサートがもたらす健康被害を決定づけたのが、WHO（世界保健機関）の専門家機関のIARC（国際がん研究機関）が、発がん性（2A）を認めたことにあり、とくに因果関係が認められたのが、非ホジキンリンパ腫である。これを受けてカリフォルニア州も発がん物質に指定した。このことが米国で相次ぐ訴訟をもたらした。これまで3つの訴訟で判決が出たが、いずれも被害者が勝訴だった。バイエル社は上訴するが、そこでも被害者側がすべて勝訴した。
最初はモンサント社が製造･販売しており、訴えられたのも同社だったが、そのモンサント社をドイツのバイエル社が買収したため、いま賠償責任はバイエル社が負うこととなったのである。訴訟件数は 10 万件を超えている。
グリホサートは、2000 年にモンサント社の特許権が切れ、日本では 2002 年にラウンドアップの生産・販売権が日産化学へ譲渡された。また、他の企業から、レインボー薬品のネコソギ、大成農材のサンフーロンなど、さまざまなグリホサート製品が製造・販売されるようになった。日本でも今や､スーパー､ホームセンター､100 円均一ショップ､インターネット等で競って販売されている。

自閉症や世代を超えた健康被害

グリホサートでは、発がん性以外にもさまざまな健康障害を引き起こしていることが明らかになっている。例えば、肝臓と腎臓に損傷を引き起こすことが示されている。肝臓に関しては、英国で行われた動物実験で、ごく微量のグリホサートで重度の脂肪肝疾患、細胞の壊死などを引き起こしている。腎臓への障害では、スリランカでのラウンドアップ汚染と腎臓病の調査で、その関係が示された。
グリホサートは神経毒性のある化学構造をしている、と指摘したのが黒田洋一郎さん、元東京都神経科学総合研究所の研究者である。それを裏づけたのがアルゼンチンの研究結果で、マウスを用い微量のグリホサートを鼻腔内に投与したところ、歩行活動が減少、眼球の動きに顕著な変化が起き、認知能力も優位に損なわれた。米国ワシントン州立大学の調査で、グリホサート散布地域に住む人は、農薬散布のない地域に住む人に比べて、パーキンソン病での早期死亡率が 33％高いことが示された。また自閉症をもたらすという研究結果も、千葉大学の研究者による動物実験などで示されている。
妊婦や赤ちゃんへの影響も大きいと見られている。カナダの大学医療センターの医師たちが調査を行った結果、妊娠した女性の体内に、ラウンドアップとその代謝物が多く蓄積していたことが分かった。へその緒にも蓄積して

コラム

輸入小麦を用いたパンはやめよう

これまで行ってきた農薬検査で、とくにグリホサートの食品検査で分かってきたことは、小麦の汚染がひどく、特にひどいのがパンだということである。なぜ小麦の汚染がひどく、パンが汚染されているかというと、北米で作られる小麦は「春小麦」といって春に種子を蒔き秋に収穫するものが多いからだ。日本など多くの国では、小麦の多くは秋に種子をまいて春に収穫する「冬小麦」が多い。そのため雑草や害虫がほとんどない時期のため、農薬を使わなくてすみ、食の安全という視点で見ると優等生である。しかし、北米で作られる春に種子をまいて、秋収穫する春小麦は、ただでさえ農薬を多く使う時期で、加えて、プレハーベスト農薬という除草剤の新たな使い方が増え、残留農薬が増えている。プレハーベスト農薬というのは、収穫直前に除草剤をかけ、すべて枯らしておいてから収穫する方式である。

農水省の分析データでも、北米産の小麦でのグリホサート検出率は高く、米国産は97%、カナダ産は100%で、オーストラリア産の16%、フランス産の13%に比べて高いことが分かる（2017年）。

春小麦は、太陽の光が強い時期に育つため、グルテンが多くなり、強力粉を作るのに適している。その強力粉を用いて、日本の製パン企業は食パンや菓子パンを作っている。そのため大手の製パン企業が作るパンから、軒並み高い数値でグリホサートが検出される。農薬残留検査の結果を紹介する（次頁の表）。全部で14の製品を検査したが、程度の差こそあれ、輸入された小麦から作られた製品からは、すべてグリホサートが検出された。これまでのさまざまな検査から、全粒粉を用いたものの方が、汚染が深刻である。逆に国産の小麦を用いたパンからは検出されなかった。日本では、もともと小麦へのプレハーベスト農薬は禁止されているし、冬小麦だから農薬そのものがほとんど使用されていないからである。

おり、胎児への移行の可能性が示されたのである。グリホサートが妊娠期間を短縮させ、低体重児を出産させるということも分かった。調査を行ったのは、米国インディアナ州の子ども病院の臨床小児科医らである。

さらにグリホサートは、世代を超えて影響をもたらすことも分かった。すでに述べたように米国ワシントン州立大学の研究で、グリホサートに暴露し

パンの検査結果

フジパン	本仕込食パン	0.08ppm
	特選メロンパン	0.06ppm
	元祖スナックサンド（全粒粉入り）	0.11ppm
山崎製パン	ダブルソフト	0.08ppm
	ダブルソフト全粒粉	0.08ppm
	ロイヤルブレッド	0.06ppm
	薄皮つぶあんぱん・パン	0.10ppm
	・あん	検出されず
	ランチパック４種のおいしさ・全粒粉入	0.08ppm
	同上　・通常	0.03ppm
神戸屋	朝からさっくり食パン	0.08ppm
	フランスパン	0.07ppm
敷島製パン	パスコ麦のめぐみ全粒粉入り食パン	0.07ppm

以下、国産小麦使用

敷島製パン	パスコ超熟国産小麦（国産小麦100％）	痕跡
	国産小麦の全粒粉入りロール	検出されず
米麦館タマヤ	食パン（北海道産小麦100％）	検出されず

（アンパンのあんの原料の小豆もプレハーベスト農薬が使用されているため検査した）

検査：遺伝子組み換え食品いらない！キャンペーン

分析：農民連食品分析センター

たラットの子孫には、さまざまな健康障害がみられた。ここに紹介した研究はごく一部である。

このようなことから、国際産科婦人科学会（FIGO）の生殖・発達・環境・健康委員会は2019年7月31日、人間にとって有害な物質、中でも農薬への暴露を最小限にするように提唱し、とくにグリホサートの禁止を求める声明を発表したのである。

2
ネット社会と電磁波汚染

加速するネット社会化

いま、ネット社会と呼ばれる、インターネットを中心に動く社会がつくられ、便利さと裏腹に超管理・監視社会が出現しつつある。同時に社会の脆弱化や心やからだの健康を脅かす状況が広がり、差別や偏見も広がっている。また、日常いたるところで電磁波が飛び交う社会になってしまった。その進行は、新型コロナウイルスによる感染症拡大によりネット利用が加速化したことで、さらに深刻化しつつある。このような状況がすすめば、人びとは便利さを享受しているつもりで、非人間的な、非健康的な社会を招くことになるのである。

立ち止まって、このネット社会を根本的に見直す必要がある。しかし、残念ながら政府も大企業も大学も研究者も、さらにすすめるための研究や開発に邁進こそすれ、立ち止まり考えたり、見直したりするように動いていない。

ネット化のいっそうの進行とともに、5G、ＩｏＴ（もののインターネット）、ビッグデータ、AI（人工知能）化が、すすんでいる。この先、この大きな流れは、どのようにすすもうとしているのか。それがどのような影響を拡大するのだろうか。

ICT 教育と GIGA スクール

学校が社会の縮図になっている。いま学校での ICT 環境がすすんでいる。ICT とは「Information and Communication Technology」の略。直訳すると情報とコミュニケーションの技術のことで、社会全体を、インターネットを軸に動かしていくという意味である。教育では、授業で１人１台の端末を子どもたちに持たせ、それを高速通信ネットワークと組み合わせ、学校や教育にかかわるあらゆる物事を、情報化しようとしている。高度情報化を図っているといっていい。

そこには、AI（人工知能）や5Gの活用が想定される。その背景には、政府の提起している次世代社会の構想「ソサイエティ（Society）5.0」をもたらすためのイノベーション戦略があることはすでに述べた。繰り返すが、ソサイエティ5.0とは、狩猟、農耕、工業、情報社会に続く人類史上5番目の社会ということで、先端技術が国や社会、教育までも動かす社会といっていいだろう。イノベーションとは、以前は技術革新と訳されていたが、今は技術革命と呼ぶことがふさわしい言葉である。

教育の現場では、そのICT環境の整備を通して、GIGAスクール化をすすめている。GIGAスクールとは「Global and Innovation Gateway for All」、すなわちインターネットを通して地球規模でコミュニケーションを行うための入り口、あるいは入門ということ。教育がめざす方向が、大きく変わってきたといえる。すなわちネット化を軸にすすめて行くということである。学校でのICT環境の整備には新たに「プログラミング教育」までもが導入されている。政府は、コロナ禍を利用してGIGAスクール化の前倒しをすすめた。それが子どもたちの心とからだに、大きな影響をもたらすことが懸念される。

5G社会とは何か？

5G社会とは、あらゆるものをインターネットにつなげ、社会全体を可能な限り自動的に動かすことをめざす社会のことである。5Gそのものは、第5世代移動通信システムのことで、それ自体は、通信技術のことだが、政府や企業はいま総力を挙げて、その5Gを基盤にした社会づくりをめざしている。

5G社会の目的は、機械や端末など、ありとあらゆるものから発信・受信される電波（電磁波）によって、様々なものを操作し、管理する「スマート社会」を作り上げることである。ここでいうスマートとは、自動化という意味に近い。自動車であったり、家電製品であったり、工作機械であったり、医療機器であったり、スマホであったり、文字通りありとあらゆるものが想定されている。あらゆるものから発信された様々な情報はすべてインターネット

コラム

光・音・姿勢がもたらす健康障害

スマホやタブレットの広がりがもたらす健康障害には、光、音、姿勢（ストレートネックなど）による影響がある。まず光の影響だが、スマホなどに加えて、テレビ、あるいは町中にあるさまざまな掲示板など、今では光を発する機械は多数である。その結果、人々が光を見つめる、時には至近距離から見つめる機会を増やしてしまった。それにより眼は、光がもたらす影響を受け続けているのである。

とくに最近は、LED が増えており、状況はいっそう悪くなっているといえる。LED はブルーライトが非常に強く、それを見続けることで思いがけない健康障害につながる可能性がある。網膜がダメージを受け、視力低下をもたらし、黄斑変性症の要因にもなり得る。また、ブルーライトを見続けると、メラトニンが抑制される。メラトニンは、脳の松果体と呼ばれる器官で分泌されるホルモンで、日周リズムと呼ばれる、体の 24 時間サイクルのリズムにかかわっている。時差ぼけは、このホルモンと深くかかわっている。このホルモンが乱れると、生体リズムに変調をきたし、女性ホルモンのエストロゲンの増加をもたらす。エストロゲンが増加すると乳がんになる確率が高くなる。

また、母親が赤ちゃんにスマホを見せて、子守を行っているケースをよく見かけるようになった。赤ちゃんをおとなしくするためだが、赤ちゃんは母親のスマホをじっと見ている。しかし、赤ちゃんにとっては、ちょうど目の形成期にあたり、その形成を妨げる可能性がある。眼は 6 ～ 7 歳くらいまでに基本が形成されるからである。

光の次は音である。最近、コードレスのイアホーンを耳にはめている人が増えている。電車などに乗っていると、乗り合わせた人のほとんどがスマホを操作しており、多くの方がイアホーンを使っている。映画やテレビ、ユーチューブなどを見たり、ゲームを行っているのだと思うが、四六時中、大音量で聞くことによる聴覚障害が懸念される。

手や指、首への影響も報告されている。とくに多いのが、スマホを握りしめ続けていることから起きる「テキスト・サム症候群」である。若年層ほど片手で操作を行っているが、その結果、ばね指・ドケルバン病といった指の変形が起きやすいのである。また、首が変形する「ストレートネック症候群」も増えている。これらの変形は、かつて職業病として問題になっていたもので、それが一般化したとも言える。

につながり、クラウドの形をとったビッグデータとして次々に集積され、AIがそのデータを解析し、その解析された情報を受信して自動的に操作されていく仕組みである。

発信・受信するのが、ありとあらゆる分野に及ぶため、情報量をけた違いに多く処理しなければならず､瞬時に対応できる仕組みでなければならない。例えば、自動車の自動運転では、様々な状況に対応しなければいけない上に、事故を防ぐために瞬時に対応できなくてはならない。情報処理量が格段に増えるとともに、それを瞬時に処理できるスピードも求められる。

機械やスマホなど、その発信するあらゆるものの端末と基地局とのやり取りは電磁波が担う。その電磁波もきわめて高い周波数帯が用いられる。情報量を多く伝えるためには、周波数が高ければ高いほどよい。電磁波の波の数が多いからである。しかし、その分危険性も増すし、日常的に大量の特殊な電磁波が環境中を飛び交うことになる。こうして電磁波を使って工場や自動車、店舗、各家庭などの、様々な製品、機械や装置などが稼働し、社会や経済が運営され、人びとの行動もそれに規定・規制されることになる。

５Ｇでは、電磁波の発信源はスマホなどの端末機器にとどまらず、様々な機械や道具に内蔵されており、そこから発信した電磁波がインターネットにつながり､都市全体､国全体を動かす基盤になっていく。情報を得ることは､情報を提供することである。家庭で自動掃除機を使えば、それは家の構造を外部に知らせることになる。こうして社会全体の情報が、家庭の内部の情報まで含め、すべて提供されることになる。個人の情報は筒抜けになるだけでなく、その情報が利用され、最終的には国によって管理・監視されることにもつながっていく。

ビッグデータとは何か？

ビッグデータとは、それ自体は巨大に集積した情報量を意味する。クラウドと呼ばれる巨大なデータの蓄積場に集積された情報量は日々増え続け、それをAI（人工知能）が解析して利用するしくみである。巨大化したその情報量の利用がすすんでいる。データ量が多くなればなるほど、分析の範囲が広がり、正確さが増す。その分析を利用して、経済的利益を得ようとしたり、政治的に利用したり、時には管理や監視に利用することがすすんでいる。日々、AIによる分析技術が発達し、緻密な分析が可能になっている。

データの発信源は、社会のあらゆる場面で広がっている。スマホなど携帯機器以外に、スマートメーター、パソコン、公共データ、マイナンバー、クレジットカード、ポイントカード、スーパーやコンビニ等のPOSシステム、監視カメラなどなどである。

そこでは多くの個人情報が企業や国によって掌握され、分析されるようになっている。どのような本や雑誌を書店やネットで購入するか、あるいは図書館で借りるか、ネットでどのような情報にアクセスするか、などの情報の解析で政治信条が評価できる。すでにクレジットカード、ポイントカードやネットでの買い物などで消費行動が評価されており、好みが分かるとともに、その人の健康状態や病気までもが分かるようになっている。

あるいは警察などの権力によって、犯罪や再犯の予測まで行われている。いま中国などですすんでいるスマート・シティでは、ビルの出入りも駐車場の利用も買い物も治療を受けるのにも生体認証が導入されている。その生体認証は顔認証で行われることが多くなっている。その認証と、他の評価が組み合わされることで、その人物の生活や行動がすべて掌握され、管理・監視される社会となりつつある。5G化によって、扱うデータの量はけた違いに大きくなり、その結果、分析、利用もさらにすすむことが予想される。

教育の現場では、子どもたちの学力、健康情報、家族の遺伝情報、家庭の経済状態など、あらゆる情報が集積され、それが解析されることで、時にはその子どもの将来まで予測されることになる。

政府は、マイナンバーカードの普及を加速させている。現金の給付などの経済的利益で誘導してきたが、次のステップが、マイナンバーカードと健康保険証との一体化である。すでにその導入にむけて動き始めている。その先にあるのが運転免許証との連結と顔認証の導入である。いまでも様々な場所に監視カメラが置かれている。顔認証は、プライバシーを丸裸にする。例えば病院に行った時のことを考えてみる。病院に入ったとたんに、顔認証で何を目的に来たか判断され、順番が来たら呼び出され、病気や健康状態がすべてデータ化されており、どこの病院に行っても医者はそのデータに基づいて診察する。お薬手帖も電子化されており、薬局で薬を受け取り、支払いはすべてクレジットカードになり、そのまま帰ってくることになる。医療以外でも、顔認証とマイナンバーカードとクレジットカードがつながることになり、スーパーやコンビニなどでの買い物も顔認証となる。これが５Ｇで想定されているスマート社会である。

電磁波による健康破壊の要因を拡大

５Ｇ社会、さらにこれから進もうとしている６Ｇ社会では、情報量を多くするため、周波数を高くし、５Ｇ社会ではミリ波に限りなく近い周波数帯、６Ｇ社会では恐らくミリ波といった極めて高い周波数が使われる。人間の健

コラム

スマホがもたらす健康障害――精神的ストレス

スマホやタブレットなどの通信端末機器がもたらす健康被害はさまざまである。その一つに精神的なストレスがある。とくにSNSが登場してから、子どもたちは絶え間ないストレスを受けるようになった。ネットへの深い依存が、精神的に大きなストレスを受ける日々を続かせるようになった。このようなネット依存は、アルコールや薬物依存と同等の深刻さをもつと指摘する精神科医もいる。中には、睡眠以外の大半の時間をSNSの交信に使うケースも見られる。

その中で、お互いが監視しあったり、LINE疲れと呼ばれる現象が起きたり、仲間外れ、嫌がらせ、いじめなど友人関係の変化が起きることもしばしばである。悪ふざけ情報、攻撃的な情報、情報が暴力になっていることも多い。ほとんどの子どもがいじめの体験を持つようになってしまった。時には自ら命を落とすという悲惨な出来事につながってしまうケースも見られる。

スマホが広がってから、ながら操作と呼ばれる、例えば歩きながらの操作が広がっているが、そこでは集中力の欠如が起きている。あるいは情報を追いかけ、結果だけを求め、プロセスを見ないことが、思考への悪影響をもたらし、これもまたストレスをためる要因になっている。

康にとって危険な周波帯が使われるといえる。そもそも生体は電気で動いている。神経の情報伝達の基本は電気信号であり、心電図や脳波は、生体が発する電気信号を拾ったものである。電磁波はその電気信号に介入することになり、誤った情報をもたらし、健康に影響する可能性がある。

電磁波の健康への影響が最初に示されたのが、送電線（変電所）だった。それは送電線の電磁波と小児白血病への影響の調査から始まった。1979年に発表された米国コロラド州のワルトハイマー論文以来、送電線と小児白血病の関連が示される論文が多数出ている。とくに大きかったのは、スウェーデン・カロリンスカ研究所（1992年）の論文で、50万を超える世帯が調査され、送電線の近くに住む子どもが白血病になる確率が高いことが示された。

携帯電話の電磁波と脳腫瘍の関係に関しても、インターフォン研究（国際的な大規模な調査）が行われ、ヘビーユーザーの脳腫瘍へのリスクが大きいことが示された。その後も、携帯電話と脳腫瘍の関係の論文が多数報告されている。

電磁波の影響は子どもほど大きいということができる。

ミリ波と電磁波対策

5Gでは、これまで経験がないほどの高周波が用いられる。高周波ほど、エネルギーが強いが、その分、飛距離が短くなる。そのため中継塔がけた違いに増える。周波数が赤外線に近づき、水や酸素といった環境の影響を受けやすくなる。そのため近い距離での交信が必要になる。その結果、いたるところで電磁波が飛び交う環境になる。そこでMassive MIMOと呼ばれる複数のアンテナを用いた通信技術を用いることになる。多数のアンテナとやり取りすればそれだけ信頼性が増すからだ。それとともにビームフォーミングと呼ばれる特定の方向に集中して発射する方法も組み合わせる。近くにアンテナがない場合、集中して発射して遠くまで飛ばす方式である。ホースで水を撒く際に、先端部分を小さくして遠くまで飛ばすが、それと似た方式である。

5Gに用いるような高周波では、人間への影響を考慮した防護基準がある。しかし日本の基準は基準がないに等しいくらいに甘いものだ。ドイツやフラ

電磁波と健康障害

高圧送電線と小児白血病（μT= マイクロテスラ）

スウェーデン・カロリンスカ研究所（1992 年）

0.1 μT 以下に比べ、0.2 μT 以上 2.7 倍

0.1 μT 以下に比べ、0.3 μT 以上 3.8 倍

2000 年にこれまでの疫学調査を再評価したグリーンランドらによる 2 つの論文

いずれも 0.1 μT 以下に比べ、0.3 ～ 0.4 μT で 2 倍程度増える

日本での研究（兜論文、2006 年発表、寝室の磁場）

0.1 μT 以下	0.1 ～ 0.2 μT	0.2 ～ 0.4 μT	0.4 μT 以上
1	0.87	1.03	4.63

携帯電話の電磁波と脳腫瘍への影響

インターフォン研究（国際的な大規模な研究、神経膠腫のリスク）

	不使用者	ヘビーユーザー
神経膠腫のリスク	1	1.4
側頭葉に腫瘍ができた症例	1	1.87
通話する側に腫瘍ができた症例	1	1.96

スウェーデン・オレブロ大学病院　レナート・ハーデル論文（神経膠腫のリスク）

	不使用者	使用者
神経膠腫のリスク	1	1.3
累積使用時間 2000 時間以上使用者	1	3.2
使用年数 10 年以上使用者	1	2.5
使用開始年齢 20 歳以下	1	2.9
20 ～ 49 歳	1	1.3
50 歳以上	1	1.2

ンス、韓国などは国際基準、1.8GHz で 900 μ W/㎠を採用している（μ W=マイクロワット）。これも大変甘いものだが、日本は米国とともに国際基準よりも甘い 1000 μ W/㎠を採用している。中国は 40 μ W/㎠、ベルギーは 19.2 μ W/㎠、ロシアは 10 μ W/㎠、スイスは 9.5 μ W/㎠、ウクライナは 2.5 μ W/㎠というように、厳しい基準を設定している国も多い。日本の基準では人々の健康は守ることができないのである。

電磁波から身を守るにはどうすればよいのだろうか。電磁波は、発生源から離れればその距離に応じて被曝量は大きく減少する。距離をとるのが最も重要な対策である。もし距離をとれない場合、被曝の時間を短くすることで、影響を大きく減らすことができる。裏返すと、距離がとれず時間が短くできないケースが、最も影響を受けてしまうことになる。高圧送電線や携帯電話が問題になるのは、それが理由である。その他にも、電気毛布やカーペットのように長い間密着して使うものに影響が大きいといえる。日常生活の中では、電磁波を防護する手段は時間と距離以外は基本的にないと考えた方がよい。

3
原発と放射能汚染

放射能は、生命の基本である遺伝子を傷つけ、生物と共存できないものである。原発は、その放射能を大量に抱え、わずかとはいえ日常的に放射能汚染をもたらし、いったん事故を起こせばそれを大量に環境中に放出し、地球を汚染する。しかも原発は綱渡りといわれ、事故と隣り合わせの、とても危険な技術である。

原発は、なぜ綱渡りの技術と言われるのか。それをよく示すのが炉心溶融事故と暴走事故である。福島第一原発事故やスリーマイル島原発事故が炉心溶融事故にあたり、チェルノブイリ原発事故が暴走事故、あるいは反応度事故と呼ばれるものである。いったん大事故が起きると、地球規模で汚染をもたらす。その意味で、原発は私たち人間も含めて、生きとし生けるものすべてと共存できないのである。

原発は原爆から誕生した

原発は、原爆から誕生したというごく当たり前のことが忘れられかけている。広島型原爆は、ウラン 235 を 100％近くまで濃縮したもので、長崎型原爆は、プルトニウム 239 を用いたものである。核分裂を起こして膨大なエネルギーを発生させるのはこの 2 つの物質である。

鉱山で採れる天然ウランに、ウラン 235 は 0.7％程度しか含まれていない。それに対して、核分裂を起こさないウラン 238 は 99.3％程度を占めている。広島に投下された原爆は、ウラン 235 を 100％近くまで濃縮したものである。いま日本で運転している軽水炉の場合、ウラン 235 をだいたい 3 ～ 4％に濃縮して使っている。そのため濃縮ウランというが、これで原発を運転している。

ウラン 235 が核分裂を起こすと、莫大なエネルギーとともに中性子を発

福島第２原発の被曝労働者

射する。その中性子をウラン 238 が吸収すると、プルトニウム 239 に転換する。これが原発のもうひとつの特徴である。長崎に投下されたプルトニウム 239 を作った原子炉は、真ん中にウラン 235 を置き核分裂させて中性子を次々と発射させる、周囲にウラン 238 を貼りつかせておき、そこに中性子が吸収されプルトニウムに転換させていく。ウラン 235 とウラン 238 は同じ化学物質で分離するのは難しいが、プルトニウムに転換すると違う化学物質になるので分離が容易になる。その後原爆というと、生産しやすいプルトニウムの方を指すようになった。

人間がコントロールできないエネルギーと廃棄物

原発は、原爆をゆっくりゆっくり爆発させているようなものである。そのため、コントロールを失うと大事故をもたらす。それがチェルノブイリ事故のような暴走事故である。また核分裂の際のエネルギーを用い、水を水蒸気に変えて発電用タービンを回している。核分裂を起こしているのが燃料棒の中である。水は燃料棒を通る際に加熱され蒸気になるが、封じ込められた核燃料が燃える温度は、燃料棒が溶ける温度をはるかに上回っている。そのため水が失われると燃料棒が溶融して大事故になる。スリーマイル島事故や福島第一原発事故がこれにあたる。いずれもいつ起きても不思議ではない事故であり、原発が綱渡りの技術といわれる理由である。

原発が人類と共存できないもう一つの理由が、核のゴミと呼ばれる処理ができない廃棄物問題である。核分裂により莫大なエネルギーを作り出す一方で、さまざまな危険物質が生成されたり、残ることになる。核分裂生成物、燃え残ったウラン 235 と 238、新しくできたプルトニウムである。それを分離して処理するのが、再処理工場だが、その再処理がうまくいかない。使用済み燃料の構成は、燃え残ったウラン 235 はだいたい 1％程度、核分裂生成物が約 3.4％、プルトニウムが 1％程度、超ウラン元素という厄介なものが微量できる。残りの大半がウラン 238 で、使い道がないため、これを原料に用いたのが劣化ウラン弾である。この使用済み燃料の中の核分裂生成物が高レベル放射性廃棄物といわれるもので、数千年たってもほとんどその毒性を衰えさせることがないため、始末が悪いものとなっている。

原発を推進してきた理由

なぜこのようにさまざまな大きな問題を抱えている原発が推進されてきたのか。第一の理由が、エネルギー安全保障の安定化である。1970 年代前半まで、安い石油を大量に用いて世界は経済成長を押し進めてきた。産油国がその石油を武器に戦略化した結果起きたのが、オイルショックだった。石油価格が跳ね上がり、政府はエネルギー戦略の見直しを強いられた。そして進められたのが、石油から原子力の流れだった。石油資源国が中東という極めて政治的に不安定な地域である一方、ウラン資源国は南アフリカ、アメリカ、カナダ、オーストラリアといった安定した国であることが、その理由である。

第二の理由が、大きくて安定的な経済効果である。原発だけにかかる費用が当初、1 基 だいたい 4000 億円と言われていた。そのほかに電源交付金に伴って大量の土建工事が発注され、立地自治体に対して多額の資金が出され、道路やサッカー場などが整備され、ホール等の箱モノが次々に作られた。それらの費用をめがけて、旧財閥ごとに丸ごと受注が進められた。東京電力は、三井・日立系とくっついて沸騰水型軽水炉を建設した。関西電力は三菱系とくっついて、加圧水型軽水炉を開発していった。東京電力は三井系であることから、銀行は三井銀行、土地の買収は三井不動産、電気関係は東芝と、三井系の企業で固められた。関西電力では三菱電機、三菱銀行、三菱地所など三菱系の企業が丸ごと受注した。

第三の理由が軍事的効果である。原発と再処理工場を持つことは、核兵器を保有することでもある。軍事的な安全保障の観点から原発を持ちたいと、政府、自民党はずっと主張してきた。プルトニウムは原爆の材料そのものであり、これが軍事的安全保障の基本になる。ウラン濃縮技術もまた、原爆の開発につながる。原発建設に伴い、ウラン濃縮技術と再処理技術を保有してきたが、これは原爆を持つことに等しい。使用済み廃棄物を爆弾に混ぜて爆発させる死の灰爆弾も有力な武器になる。さらには使用済み燃料から取り出されたウラン238が、劣化ウラン弾として用いられている。このように原発に平和利用はあり得ない。以前、原爆は悪いけど原発は良いということで「原子力の平和利用」という言葉が使われたことがある。しかし平和利用はありえないのである。

第四の理由に、原発で作り出される電力は「安い」ということが売り物にされてきた。本来は、安いはずがない。廃棄物の処理・管理維持費用だけで莫大な費用が半永久的に必要になる。しかし、そのような費用を計算に入れず、グローバル化の中で生き残るためには、原発が作り出す安い電力が必要だ、と政府や電力会社は言ってきた。日本企業の国際的競争力の維持ということがポイントになってきたのである。この生き残り戦略は、未来の世代につけを回すやり方でしかない。以上が原発を推進してきた4つの理由だった。現在はこれに、脱炭素社会ということが加えられてきた。

原発は二酸化炭素削減をもたらさない

政府は、脱炭素化の最大の切り札に原発を据えている。原発が放射能汚染をもたらし地球環境を破壊するにもかかわらず、地球環境によいというのだから問題だが、加えて本当に政府が言うように、二酸化炭素の排出の削減に貢献できるのだろうか。とてもそのように思えない。まず原発は、熱利用ができず電気しか作れない、硬直したエネルギーとよく指摘される。また、常にフル稼働を前提にしており、出力調整ができず、必要ない時にも稼働している。そのため夜間の電気料金を安くして夜間に電気を使ってもらう、エネルギーを使わない時期にもっと使ってもらう仕組みづくりに電力会社は取り組んできた。

しかも熱出力の３分の１しか利用していない。原発の仕様を見ると「電気出力」と「熱出力」と書かれている。熱出力が300万キロワットくらいに対して電気出力はだいたい100万キロワットくらいである。残りの３分の２のエネルギー、熱はどうしているのかというと、すべて海に捨てている。原発から出てくる温排水は大きな川が流れていくようなもので、大量である。熱を海に流していることで、海洋生物に影響して、温暖化にも貢献している。

もう一つ、原発は、網の目のように張りめぐらせた送電線網の設置が前提である。東京電力を考えるとわかりやすいのだが、東京電力の管内に原発は一基もない。福島原発と柏崎原発というように、福島と新潟にあり、東北電力の管内である。また、都心に近いところにはなく、しかも大量に消費しているのは都心であるため、延々と送電線を引っ張らなければならない。その間に、電磁波公害が起きる。電磁波は、別名電気のゴミと言われているが、電気が電磁波になって、失われていくのである。

作られた時点で熱出力の３分の１しか利用されていない、しかも送電線で運ばれている間にどんどん失われていく。そう考えると、原発は実は無駄が多いものなのである。しかも揚水型発電所を伴う。揚水型発電所は、水を貯めるプールが上と下にあって、夜間、電気を使わないときに、モーターを回して下にあるプールから水を上に汲み上げている。そして昼間の一番使っているときに、水を流して発電する、この繰り返しができるのが揚水型発電

高レベル放射性廃棄物の実験現場（北海道・幌延）

所であり、こうして電力消費を調節している。これは作られるエネルギーより、失うエネルギーの方が大きい発電なのである。それを作らなければいけないところに原発の問題がある。

さらに最大の問題は、放射能の管理の問題である。福島原発事故の処理を考えてもわかるように、汚染されたもの、廃炉、使用済み燃料の管理など半永久的な管理を強いられるものが大半である。最後は、高レベル放射性廃棄物の永久管理が待っている。ただでさえ危険な廃棄物を永久に管理しなければならないのである。永久管理など事実上不可能である。しかも、そこに必要とするエネルギーは莫大である。このように原発はエネルギーの大量消費をもたらすものである。結局、温暖化対策、脱炭素社会をもたらさないどころか、むしろ貢献しているのである。

にもかかわらず政府は、脱炭素化の切り札として原発回帰を鮮明にした。政府は、2023年5月12日にGX（グリーントランスフォーメーション）推進

トリチウム汚染水の放流

政府は、福島第一原発で膨大な量に達した汚染水を薄めて流し始めた。汚染水には多量のトリチウムが含まれている。そのトリチウムは安全性で特異な問題点を持っている。政府がトリチウム汚染水を放出しても安全だとする根拠として「生物濃縮は起きない」「有機結合しても危険な物質になることはない」「ＤＮＡは修復機能があり大きな影響にならない」「トリチウムが出す放射線は弱い」としている。

トリチウムは水素と化学的性質が同じであるため、トリチウム水は水と同じ性質になり、生体内に入ってきた際にも水と同じ役割を果たす。生体は主に水素、炭素、酸素などで構成されており、トリチウムはその生体の細胞内の水素と置き換わり易い。この置き換わったトリチウムを「有機結合型トリチウム（OBT）」というが、細胞内にとどまり続け、容易に排出されず、そこで放射線を出し続ける。一か所に留まることで起きる局所被曝の影響が大きいことが考慮されていないのである。しかもその半減期は約 12 年で影響は大きい。

トリチウムが取り込まれ、排出される量が半分になる期間を生物学的半減期といい、それは通常はおよそ 12 日前後であるが、細胞内で水素と置き換わった場合、ほとんど減少しない。時には十数年とどまり続ける可能性がある。しかも、この結合が DNA など染色体を構成するもので起きやすいのである。トリチウムは放射線を出し、やがてヘリウムに変わる。そうすると水素がトリチウムと置き換わっていた部分では結合が失われる。とくに DNA の塩基配列は、水素結合で成り立っており、その結合を壊す可能性がある。DNA には修復能力があるものの、このような破壊に対して修復できるかどうかはよく分かっていない。また修復ミスもよく起きる。そうなると遺伝子の破壊が起きる危険性がある。これが重要なたんぱく質にかかわれば健康被害を招き、生殖細胞で起きれば遺伝的に影響が受け継がれる可能性もあり得る。

福島第一原発にたまりにたまっている汚染水には、周囲の環境から大量のプランクトンや微生物が入り込み、繁殖している。生物が長い時間、トリチウムにさらされている環境は初めてである。生物内に取り込まれたトリチウムにより相次いで OBT が起き、その生物が大量に生態系に放出され、魚介類や藻などに取り込まれ濃縮され、さらに私たちの食卓に登場する可能性がある。

法を可決成立させ、5月31日にはGX脱炭素電源法を可決成立させ、合わせてエネルギー政策の大枠が決定した。この政策では、原発をクリーンエネルギーと位置づけ、原発回帰を明確に打ち出したのである。福島第一原発事故後、「原発依存度を低減する」としていた方針を改め、既存の原発の延命を図り、60年を超えた原発も経産省の認可があれば稼働できることも盛り込んだ。さらには次世代炉の開発に資金が投入されることにもなった。

原発推進を掲げ、同時に廃棄物問題への対応も強硬路線を打ち出した。経産省は、2023年2月10日に「高レベル放射性廃棄物の最終処分の実現に向けた政府を挙げた取組の強化について」という報告をまとめ、内閣は4月28日には「放射性廃棄物の最終処分に関する基本方針」を閣議決定し、ゴミ捨て場の選定に向けて積極的に動き始めた。これまでは札束をつるして、自治体の方から手を挙げるのを待っていたが、これでは前に進まないと判断し、積極的に働きかけることになったのである。

最終処分地選定は3つのステップから成り立っている。最初は文献調査、次が概要調査、最後が精密調査である。その調査を踏まえて最終処分地が決定される。政府は、これまで文献調査に立候補した自治体が、北海道の寿都町と神恵内村しかないため、一丸となって文献調査の地域を拡大していくことを決めたのである。文献調査を受け入れると約2年で最大20億円の交付金が出る。さらに次のステップである概要調査に進むと、約4年で最大70億円が交付される。精密調査に関してはまだ交付金額が示されていないが、おそらく大きな金額が提示されるはずである。そして立候補を表明したのが、対馬市だった。同市は最終的に、市長の判断で立候補が取り下げられたが、このようにニンジンをぶら下げなければ立候補地が確保できないのである。それが、クリーンエネルギー原発の実態である。

4
身近な化学物質の汚染

環境ホルモンがなぜ問題なのか？

環境ホルモンの問題からスタートする。化学物質が健康に及ぼす影響を考えた時、この問題はとても重要だからである。環境ホルモンの正式名称は「内分泌かく乱化学物質」である。内分泌とは血液中に分泌することをいい、そのような内分泌物質とはホルモンのことである。そのホルモンの分泌をかく乱する化学物質ということである。環境ホルモンという言葉は、環境汚染物質がホルモンの役割を果たして、生命体に異変をもたらしていることから、このように名づけられた。

ホルモンの分泌がかく乱されると何が起きるのか。生命体の内部は、さまざまな情報伝達物質により複雑なやり取りが行われている。そのため、あるかく乱が、生命体全体に及ぶことになる。最初の報告は、野生生物など自然界での異変である。特に影響が顕著だったのが、性ホルモンのかく乱による影響である。生殖能力が衰退し子孫ができなくなる、鳥類では卵の殻が薄くなる、雌が増えるなど性比に変化が起きる、時には大量死が起きるなど、種の絶滅につながる現象が拡大した。

米国環境保護庁のデータによると、魚では、サケに甲状腺機能障害が広がっている。カダヤシでは雌の雄化が起きている。ニジマスでは逆に雄の雌化が起きている。鳥では、セグロカモメに甲状腺機能障害が起きている。アメリカオオセグロカモメでは雄の雌化が、ハクトウワシでは孵化率の低下が起きている。野生動物では、ハイイログマ、クロクマで雌の雄化、ワニやヒョウでは雄らしさの低下が起きているなど、自然界で深刻な異変が起きていることが、次々と報告されたのである。

このような自然界の異変は、人間の変調の前兆である。現在、子どもたちで起きている変調の数々、例えば子どもでのアレルギーや発達障害の増加、性同一性障害の増加は、このような化学物質がもたらす内分泌かく乱もその一因と考えられている。

ホルモンかく乱は何をもたらすか

なぜホルモンをかく乱すると、健康障害が起きるのか。ホルモンの役割とはどんなものなのか。ホルモンが持つ最も大事な役割とは、体のホメオスタシス（恒常性）の維持である。ホルモンは微量で、体の働きをコントロールしている。そのため微量の化学物質によってかく乱されてしまう。ホルモンの働きがかく乱されるとどうなるのか。代表的な性ホルモンのかく乱の影響に雄の雌化、雌の雄化、不妊化などがあり、これらは種の絶滅をもたらす危険性がある。とくに指摘されたのが、男性の精子数の減少、精子の異常、精巣癌や、出生の際に見られる停留精巣、尿道下裂などである。女性の場合は、月経開始年齢の若年齢化、子宮内膜症の増加などが見られる。また、母親での影響が、赤ちゃんにも伝えられることが分かっている。

環境ホルモンの影響は、内分泌系への影響にとどまらない。内分泌系・免疫系・自律神経系は、お互いに情報の交換を行うなど密接につながっている。またこれらがお互いに連絡しあいながら、体全体をコントロールしている。そのため内分泌かく乱が起きると、免疫系や自律神経系にも影響が及ぶ。免疫力低下が起きると、抵抗力が弱まり病気になりやすくなったり、アレルギーになりやすくなる。自律神経系が影響を受けると、自律神経失調症になるなどの可能性がある。しかもそのことが、体全体に及び、さらにほかの疾患の引き金になるなど、影響は底知れない。

これほど問題があるにもかかわらず、最近では環境ホルモンという言葉さえ聞かれなくなった。マスコミが伝えなくなり、いまや問題自体が存在しないかのようになってしまった。産業界や、その意向を受けた研究者などが「環境ホルモン空騒ぎ論」を展開して、この問題の抹殺にかかったのである。裏返すと、それだけこの問題が深刻であることを示しているといえる。

この空騒ぎ論をもたらした背景の一つに、環境ホルモンの毒性についての研究が進み難かったことがあげられる。その理由は、ホルモンがごく微量で体をコントロールしているため、それをかく乱するのもごく微量で起きてしまうからである。動物実験を行おうとしても、他の要因を排除して行うことの難しさがあるからだ。

フタル酸エステル類

環境ホルモンとしてリストアップされた物質で、最も種類が多いのは農薬である。また、最も身近でよく使われるものとしてはプラスチックがある。その構造は今も変わらない。その中でも、環境ホルモン物質の中で当初から問題となっていたものに、プラスチックの添加剤のフタル酸エステル類と、プラスチックの原料のビスフェノールAがあり、その後も、さまざまな問題点が明らかになってきている。またEU（欧州連合）では新たに、次々と環境ホルモンの化学物質がリストアップされ、規制（REACH規制）が進んでいる。例えばフタル酸エステル類では14種類が原則的に使用禁止となっている。日本ではほとんど規制が進まないのとは、好対照である。

フタル酸エステル類は、主に塩化ビニルを柔らかくする添加材として用いられている。このような添加材を可塑材というが、プラスチックを柔らかくするためには、樹脂と添加材が等量、あるいはそれ以上に用いられることもあり、子どもがかじっただけで溶出する可能性がある。特に問題になったのが、おもちゃや哺乳瓶などの幼児や育児用品に用いられていることである。

このフタル酸エステル類は、もともと血漿にとけ込んで静脈を塞いだり、赤ちゃんに障害をもたらすなどの毒性があり問題となっていた。それに加えて、ホルモンを攪乱する毒性があることが分かったのである。とくに問題になっているのが、子どもにADHD（注意欠陥多動症）やアレルギーを引き起こす可能性で、とくに妊娠中の摂取による胎児や乳幼児への影響が強く懸念されてきた。

そのため、現在は規制もすすみ、予防原則を重視するEUや、予防原則を持たない米国ですら、子どものおもちゃ、育児用品、おしゃぶりへの使用で禁止されている種類が多くなっている。しかし日本では、ごく一部しか禁止されていない。日本の規制でとくに問題なのが、フタル酸エステル類の中でもっとも多く使われているDEHP（フタル酸ジ-2-エチルヘキシル）について、子どものおもちゃや食品用器具・容器包装への使用を禁止しているものの、欧米のように育児用品への使用を禁止していないことである。また次に使用量が多いDBP（フタル酸ジ-n-ブチル）は、欧米ではおもちゃも育児用品も使用が禁止されているのに、日本ではおもちゃのみの禁止で、対策の遅れが目立つ。

ビスフェノールA

食器や容器に用いられているプラスチックで問題となったのが、ビスフェ

環境ホルモンで問題となっている身近な化学物質

アセトアミノフェン（鎮痛剤の成分）
パラベン（食品・化粧品の保存料）
BHA（食品・化粧品の保存料）
フッ素化合物（PFAS/洗剤、消化剤等）
フタル酸エステル類（塩ビの添加剤、ビニール袋など）
ビスフェノールA（缶詰の内側のコーティング剤、ポリカーボネート樹脂の原料）
発泡スチロール（カップ麺などの容器）
難燃剤PBDEなど（カーテンなどの繊維製品）
トリクロサン（薬用せっけんなど）
合成ムスク（香料として食品や化粧品など）
ベンゾフェノン（紫外線防止剤として化粧品など）

ノールAである。このビスフェノールAは、ポリカーボネート樹脂となって、学校給食や病院、一般家庭の食器や容器、哺乳瓶などに用いられている。またエポキシ樹脂となって、缶詰の内側のコーティング材などに用いられている。

ポリカーボネート樹脂は、ビスフェノールAにホスゲンを加えて作る。エポキシ樹脂はビスフェノールAにエピクロルヒドリンを反応させてつくる。いずれも広く使われているプラスチックである。このビスフェノールAについては、さまざまな健康障害が報告されてきた。諸外国で発表された研究論文を見ると、心臓血管系疾患と糖尿病になりやすい、腸の炎症のリスクを高め、免疫システムの働きや発達を抑える可能性がある、男性の性機能へ悪影響がある、胎児、幼児、子どもたちの脳、行動、前立腺に影響を与える恐れがある、などさまざまな影響が指摘されている。それでもまだ、その影響の全容は見えていないといえる。

EUではREACH規制で、ビスフェノールAに加えて、その代替として使用が増えているビスフェノールSも規制が進んでいる。しかし、日本では政府はビスフェノールAもSも規制しようとしない。

日本では、環境省が環境ホルモンに関する対応策を発表している。まず、1998年に「SPEED1998」という形で、優先調査の物質として67物質がリストアップされ、実態調査や研究方法の確立などが方針として出された。次に2005年に改訂版として「EXTEND2005」が出されたものの、評価作業は停滞し、むしろ情報提供に力が入れられた。2010年には「EXTEND2010」が発表され、新たな課題として「エピジェネティック変異」の調査などが加わり、「EXTEND2022」まで来たが、どこまで本気で研究が進められるのかは、不透明な状態にある。

除菌・消臭剤の問題点

最近、化学物質がもたらす健康への影響で、大きくクローズアップされているのが、香害である。この香害と密接につながり、被害を拡大させているのが除菌・防臭製品の増加である。とくにテレビCMで繰り返し宣伝されて

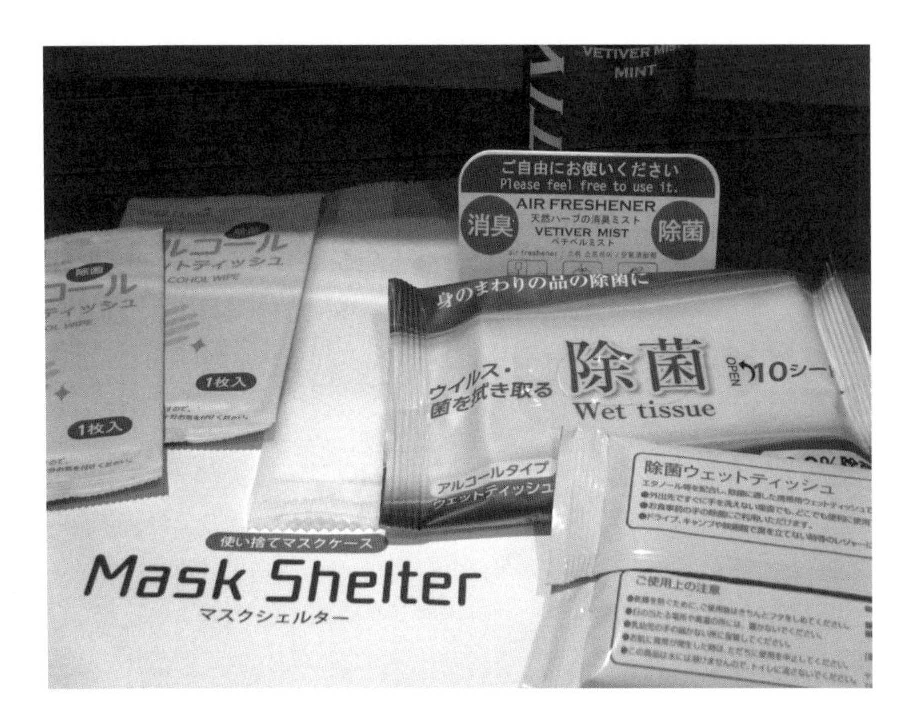

いる「ファブリーズ」など、スプレー式と呼ばれるものが、シュッとかけるだけで簡単に除菌・防臭ができるとして、売れている。

もともと抗菌製品がさまざまな分野で用いられるようになって以来、細菌を敵視し、減らすことがごく当たり前のように行われてきた。臭いがあるのを嫌がる人が増え、少しでも臭いがあると社会の敵のようにみられる傾向が強まっている。そのためにわざわざ強い香りでごまかすなど、事態をさらに悪化させる製品が増えている。細菌の多くは、私たちの体を支えてくれる大切なものである。それを手軽に化学物質などで取り除こうというのだから本末転倒といえる。

除菌・抗菌製品から見ていく。この除菌や抗菌は、実にあいまいな概念である。除菌は、細菌を取り除くことだが、その対象物や程度を含んでいない。そのためわずかの除菌も徹底的な除菌も、除菌なのである。消臭の定義もまた曖昧である。化学的反応や物理的吸着などで、臭いをなくしたり少なくすることだが、どの程度臭いを減らすと消臭なのかが示されていない。すべてがあいまいなまま、細菌はよくない、臭いは悪者だということで、除菌・防臭製品が販売されているのである。さらには消臭のために香りを強くすることまで増えたため、香害がもたらされた。

製品で用いている抗菌物質は多様である。化学物質系、光触媒系、銀イオン系、天然成分を用いたものなどがある。もっとも除菌力があるのはファブリーズのように第4級アンモニウム塩を用いた化学物質系である。第4級アンモニウム塩はほとんどのものに抗菌性があり、とくに塩化ベンザルコニウム、塩化ベンゼトニウムなどは強力で、主にこれらが用いられている。しかし、製品には表示義務がないため、何が用いられているか分からないのである。最も用いられている塩化ベンザルコニウムは、陽イオン系界面活性剤で逆性石けんの主成分として用いられ、目薬や鼻薬の防腐剤にも用いられている。殺菌は、界面活性剤が細菌の細胞膜に結合して破壊して行う。その原理は人間も含めたあらゆる生物にも適用され、人間の細胞にも同様に影響することになる。時には細胞死をもたらし皮膚を傷つける。経口毒性では器官に障害をもたらす危険性があり、死亡例も報告されている。シュッとした際に吸入することもあり、その際、喘息の人に影響があり、肺に取り込まれ血液に入り、脳に影響する可能性がある。

除菌・防臭剤には、第4級アンモニウム塩以外にも、防腐剤にパラベンが用いられるなど、化学物質が多種類使用されている。その中に香料も含まれる。繊維などについた臭いは、主に汗や汚れが栄養になり細菌が増殖し、その分解物が臭いの原因となるため、細菌を減らすことで防臭効果を図ろうというのだが、細菌は減っても、臭いそのものは簡単には減少しないため、これら除菌・消臭剤に用いた香料が放つ強い香りで臭いをごまかそうというのである。

香料は、鼻の奥に到達して役割を果たす。そのため揮発性化学物質が用いられている。揮発性化学物質を吸うことで、小児ぜんそくやアトピー咳嗽（がいそう）の原因になる可能性もある。また、その化学物質が、蛍光灯から出る紫外線で光化学反応が起き、PM2.5 発生する可能性があることが、確認されている。PM2.5 は、花粉症などアレルギー性疾患の原因物質である。

焦点となった香害

最近、香料の用途先が増え続け、同時に香りが強まり、香害と呼ばれるようになった。苦情や被害が増え始めたのは、とくに2012年以降である。香料は、さまざまな化学物質や天然物質を組み合わせて作られる。合成香料＋天然香料は、全部で約4000種類あり、合成香料が大半を占めている。香料での国の規制は、指定された物質以外は使用してはいけない、というだけのものである。

香りを合成する組み合わせは企業秘密になっており、どんな物質がどの程度使用されているかは、消費者は知るすべを持たない。以前、食品に用いられる香料で指定以外の有害物質を使用した協和香料化学事件が起きたが、この時は内部告発で明るみに出たのである。いずれにしろ、何が使われているか分からないところに問題を発生させる要因がある。

業界団体の自主規制もある。国際香粧品香料協会・香粧品香料原料安全性協会の評価に基づいて安全基準が作られているものの、ほとんど実効性がなく、基本的には国の規制があるだけである。その国が可能とした物質の大半が化学物質だが、多くの有害物質が含まれている。WHO（世界保健機関）が危険と評価した190種類の物質が含まれ、WHOの癌関係の専門家機関のIARC（国際がん研究機関）が発がん物質（2B）と評価した物質が7物質も含まれている。アレルギー物質になると多数にのぼると考えられる。

有害物質の代表例を見てみる。アセトン、塩化ベンジル、ベンゼン、アセトアルデヒド、ホルムアルデヒドといった、溶剤に用いるものに有害物質が多い。また有害な香り成分の代表例に、合成ムスク（じゃ香の香気成分）があるが、エチルベンゼンから合成したもので、環境ホルモン作用、神経毒性がある。その他には、リモネン（柑橘）、リナロール（スズラン）、クマリン（桜の葉）、シトロネロール（バラ）といったものも、発がん性やアレルギーを引き起こすことが知られている。これらの成分は、自然界に存在するものではなく、それぞれの香り成分を化学合成したものである。

また、香りはすぐに消えてしまうと役に立たない。そのため徐放剤が用いられている。最近増えているのが、マイクロカプセルである。きわめて小さなプラスチックの容器に香料を入れて、徐々に放出させる方法である。しかし、これはマイクロプラスチック汚染をもたらし、PM2.5として環境中を浮遊し体内の取り込まれ、健康への悪影響が懸念される。

屋内TVOC（総揮発性有機化合物）値というものがある。厚労省はシックハウスの原因になるとして、この数値で400マイクロ・グラム/㎥以下を求めている。しかし、特に強い香料が用いられているのが柔軟剤で、その柔軟剤を用いると従来の値にプラスして70～140マイクロ・グラム/㎥も上昇する。強い香りは有害な化学物質が多い、ということを認識することが必要である。

マイクロプラスチック汚染

いま、世界的なレベルでマイクロプラスチック汚染が問題になっており、規制の必要性が議論されている。今後、厳しい対策を進めることは必要なのだが、主にこれまで使われ捨てられてきたプラスチックが引き起こしている問題であり、これまで廃棄されたものをどのように回収し、処理するかも大きな課題となっている。海底は今、プラスチックに覆われている個所が増え続けており、このままいくと、地球環境の死をもたらしかねない事態になっている。

汚染の原因は多様である。プラスチックの原料として、すでに最初から小さなもの、中には微小なものがある。原料のペレット、化粧品や研磨剤など、マイクロマシンのように、最初からミリやミクロン単位の大きさで使用するプラスチックもあり、それらが直接、汚染物質になるケースがある。

しかし、現在最も汚染をもたらしているのは、川や海に流れ込んだプラスチックが、波や風の力で岩石に衝突したり、紫外線などによって細かく砕かれたりして、小さくなるものが大半といえる。最近の調査で、河川から検出されるマイクロプラスチックの多くが、人工芝由来だと報告されているが、恐らく河川敷やゴルフ練習場などで使用されたものだと思われる。その他にも、さまざまなプラスチック製品が、そのまま放置されたり、ポイ捨てされて川や海に流れていったものが、砕かれて小さくなったものが多いと考えられる。

もともとμ（マイクロ）という単位は、100万分の1を意味するので、1000分の1を意味するミリの、さらにその1000分の1の単位を意味する。マイクロマシンでいうマイクロは、1mm（ミリメートル）未満を指す。そのためマイクロプラスチックも1mm未満にまで細かくなったプラスチックと規定するのがいいと思うが、ごく小さいという意味で使われており、通常は5mm(ミリメートル)以下にまで細かくなったプラスチックを指す場合が多い。

日本では、一部のプラスチックはリサイクルされているものの、それはごくわずかで、多くのプラスチックが捨てられている。もともとプラスチックは、使い捨てで用いられてきた長い歴史がある。とくに問題なのが、自動車や住宅など、プラスチックの最大の消費先での使われ方が、さまざまな材料の複合体であり、最初からリサイクルができない仕組みになっていることである。また、リサイクルされているということで回収されているものでも、実際は焼却されているものや、廃棄されているものが多い。

廃棄されたプラスチックの多くが焼却されるか、そのままごみとなって環境中にとどまっている。環境中にとどまっているプラスチックの多くが、やがて河川や直接海に流され、海洋を汚染している。汚染がもっとも深刻なのは、海洋である。

ではマイクロプラスチックには、どのような問題点があるのか。第一に考えられるのが、プラスチックそのものと、プラスチックを加工する際に使用されるさまざまな添加剤の毒性が問題になる。プラスチックの原料のビスフェノールA、塩ビなどに添加されているフタル酸エステル類などは、環境ホルモンで取り上げているが、それらが細かくなって生体内に取り込まれたり、体内にとどまる可能性がある。

第二として、小さくなった際の生体内での振る舞いが、不明であることがあげられる。それは海洋生物だけでなく、その生物を食べる私たちの体内での問題でもある。特に懸念されるのが、肝臓など臓器に入り込み、とどまってしまうことである。あるいは、血管の中でほかの物質を集積して血栓を起こさせるなどの影響も懸念される。

さらに第三として、細かくなると表面積が大きくなり、そのことがもたらす影響がある。大きな丸いプラスチックの塊があったとする。それが砕けて小さくなると表面積が劇的に増える。表面積が増えた分、そこに付着する水銀やスズ、鉛などの重金属、農薬などの有害物質の量を増やす。そのため生体内に取り込まれる場合、それらを付着した形になるかもしれない。しかも通常、プラスチックは軽いため浮遊するのだが、物質を付着した場合、重くなり河川や海の底に沈んで堆積する。それは海の底にいる生物に大きな影響を与えることになる。

第四として、マイクロプラスチックがさらに小さくなり、マイクロのさらに 1000 分の 1 の大きさであるナノの大きさになると、細胞内に入り込み、DNA を傷つけることになる。プラスチックは分解されず、小さく砕けるだけであるので、その可能性は大きいといえる。

このマイクロプラスチック汚染は、古くて新しい問題だといえる。私たちができることも多い。とりあえずは、レジ袋やストローなどは使わない、食器や容器は木製のものや陶磁器、ガラスなどに切り替えるなど、身近でできることから始めたいものである。最終的には暮らしの中で可能な限りプラスチックを排除することである。

花粉症拡大をもたらした真因は？

いまや国民の多くが、花粉症など何らかのアレルギー疾患にかかっている。その要因は、環境汚染にある。花粉症拡大の最大の要因は、PM2.5（微小粒子状物質）などの微粒粉塵による人体汚染であることが、以前から確認されている。この汚染物質が体を花粉に反応しやすいように変えてしまうのである。

1980 年代初めにすでに、栃木県の日光杉並木の近くには花粉症の人が少なく、少し離れた国道 4 号線沿いに多いことが分かったことから、研究が進んだ。当時、微小粒子状の汚染物質で最も多かったのが、ディーゼル車の黒煙だった。国立環境研究所で、ディーゼル車の黒煙を用いて原因を確定する実験も進められた。その結果、排気ガスが有力な原因であることが突き止められたのである。

特に深刻なのが東京都を中心とする首都圏で、環状八号線の道路上には、環八雲と呼ばれる汚染の塊が見られるようになった。そのため東京都は、ディーゼル車の規制をせざるを得なかったのである。その後、微小汚染物質は、工場などからの排煙に加えて、これまで述べてきた、人工芝などがもたらすマイクロプラスチック、香害をもたらすマイクロカプセル、黄砂に含まれる有害物質など次々に増え続けており、人体汚染は深刻化しており、それが花粉症の拡大を招いてきたといえる。

いまだに花粉症拡大の原因には手を付けず、国民病とまで言われるようになっても放置したままである。環境問題というと、二酸化炭素問題だけしか取り組まれていない。それに対して、経済効果がある対策には多額の資金が投じられて研究・開発がすすめられている。遺伝子組み換え技術でスギ花粉米のように、食べて花粉症を緩和させようという試みまである。花粉の少ないスギを遺伝子操作で開発する構想もある。本末転倒といえる。

5
フッ素化合物の危険性

フッ素化合物とは？

フッ素化合物による人体汚染が深刻化している。フッ素化合物とはどのような物質なのか。その大きな特徴の一つに分解し難い、時にはほとんど分解しないことがあげられる。それは長い間続く汚染物質であることを意味する。フッ素そのものは、他の物質と結合して安定するまで、化学的に活性で、すぐに結合しようとする不安定な物質である。フッ素のみで存在できない物質なのだが、いったん結合したフッ素化合物は、逆に安定して分解され難い物質になることが多く、それが環境や人々の健康にさまざまな問題をもたらすのである。

いま環境汚染物質で、人体汚染をもたらし問題になっているPFASの場合、ほとんど分解しないため長い間続く汚染物質であることが大きな問題になっている。その他にも身近にあるその安定した物質の代表が、米国デュポン社の商標の「テフロン」でおなじみのフッ素樹脂である。しかし、いったん安定したフッ素樹脂も、高温になると不安定になり猛毒物質を出すことになる。

もともとフッ素は、広く地球に存在する元素である。それは無機塩と呼ばれる無機物と化合して石の形で存在する。アルミニウムの原料である石に多く含まれており、そのことがフッ素化合物やフッ素汚染と大きく関係している。もともとフッ素を有効利用しようと考えたのは、アルミ産業だからである。フッ素という言い方は、ドイツ語（フルオロ）から名付けられた。「イソプロピルメタンフルオロホスネート」という長い名前のフッ素化合物がある。中に「フルオロ」という文字が入っているためフッ素化合物と分かるが、これは一体何かというと、簡略化されて「サリン」と呼ばれている有名な猛毒物質である。サリンもまた、フッ素化合物なのである。

アルミの廃棄物利用から始まった虫歯対策

フッ素化合物の歴史は、戦争と環境汚染、健康破壊の歴史といえる。その出発点は、すでに述べたようにアルミニウムから始まった。アルミは原料のボーキサイドを精錬して製造するが、その際、フッ素化合物が余計なものとして排出される。1900年代初めに米国メロン財閥がアルコア社を設立、アルミ精錬が本格的に始まった。それとともにフッ素化合物による環境破壊や健康被害が問題になり始めたのである。1930年頃にはすでにアルミ工場周辺で自然破壊が起きるが、同時に斑状歯の発生が確認されている。斑状歯とは、歯のエナメル質の形成を阻害して起きる歯の障害で、いまでも虫歯対策として行われているフッ素洗口やフッ素塗布で起きている。

アルミの精練にとってフッ素は厄介者である。それを宝の山にしようと同社が対策を講じるのである。1950年頃からアルコア社のフッ素廃棄物利用を目的に水道水へのフッ素添加実験始まった。1955年頃、これに次いで、虫歯対策への利用が始まった。フッ素洗口やフッ素塗布の始まりである。しかし、この虫歯利用で広がったのが、先ほど述べた斑状歯である。この障害は、一生治ることがない。

アルミの精錬工場から排出されるフッ素化合物は強い毒性を持ち、作物はできず、森や林は枯れ、人々は健康を害した。日本でも深刻な環境破壊を起こし問題になり、アルミ企業は次々と海外に移転する「公害輸出」を進めたのである。アルミは電気の塊といわれるくらい大量の電力を必要とする。そのため海外への進出先は、インドネシアやブラジルなどの巨大水力発電所があるところだった。

フロンガスによるオゾン層破壊

厄介者のフッ素がもうひとつ注目を集めたのが、原爆開発である。マンハッタン計画において、原爆づくりに欠かせないウラン濃縮で、6フッ化ウランが用いられるようになった。ウラン濃縮とは、核分裂を起こすウラン235

の割合を増やすことである。いったん6フッ化ウランにしてから遠心分離法で重力差を利用してウラン235を増やすのである。このウラン濃縮技術は、原発の燃料づくりにも用いられている。

そのウラン濃縮を行う際に、それに耐えられる材料として開発されたのが、フッ素樹脂である。そのフッ素樹脂を開発したデュポン社が、戦後まもなく「テフロン」という商標で、新たな材料の製造販売を開始した。このフッ素樹脂もまた、低温では安定しているものの、高温にさらされると安定を失い、猛毒物質を発生させる。中毒110番の内藤裕史教授によると、315～375度Cでポリテトラフルオロエチレンという有害物質を、470度Cを超えるとパーフルオロイソブチレンというサリン並の毒性を持った物質を、500～650度Cでフッ化カルボニルというホスゲン並の毒性をも言った猛毒物質を発生させるのである。防水スプレーにもフッ素樹脂が使われている。ストーブなど火のあるところでの使用はとても危険なのである。

多くのフッ素化合物が環境汚染物質だが、その代表的な物質がフロンガス（フレオン）である。冷蔵庫などの冷媒、半導体工場での洗浄などに用いられてきたが、オゾン層を破壊し紫外線を増やすため、規制されるようになったのである。このフロンガスは重いためなかなか上昇せず、安定性が高いため分解されないままオゾン層まで達してしまう。そこで紫外線によって分解され、オゾン層を破壊するのである。

国連環境計画によりオゾン層の保護に関するウィーン条約およびモントリオール議定書が採択され、規制が強まったのは1987年のことである。また地球温暖化をもたらす温室効果ガスに指定されているフロンガスもある。

深刻化するPFAS汚染

そしていま、大きな問題になっているフッ素化合物がPFAS（パー＆ポリフルオロアルキル化合物）である。フッ素樹脂同様に1940年代から用いられてきたフッ素化合物で、幅広い用途から、各地で河川、海域、地下水、下水汚染を汚染し続け、いまでも環境を破壊し、人体を汚染しているのである。

フッ素化合物は大きく分けて、有機フッ素化合物と無機フッ素化合物がある。有機と無機の差は、炭素があるかないかで、炭素の存在は生物がかかわる。すなわち生物がかかわる化合物が有機であり、かかわらない化合物が無機である。フッ素洗口に用いるフッ化ナトリウムは、無機化合物で、PFASは有機化合物である。また有機フッ素化合物は大きく分けて2種類あり、化合物の中の水素が全部、あるいは大半がフッ素に置き換わったものと、少数の水素が置き換わったものに大別される。全部あるいは大半がフッ素に置き換わったものをPFASといい、化合物の性格が大きく変わる。それに対して少

フッ素問題の歴史

1900年代初め　米国メロン財閥がアルコア社を設立、アルミ精錬が始まりフッ素公害が問題に

1930年頃　アルミ工場周辺で斑状歯発生確認

1942年　マンハッタン計画が始まるとフッ素（6フッ化ウラン）が重要物質になる

ウラン濃縮工程への利用でフッ素樹脂が開発される

1946年　デュポン社がフッ素樹脂をテフロンと命名して販売を開始

1950年頃から　アルミ精錬のフッ素廃棄物利用を目的に水道水へのフッ化物添加始まる

1955年頃　米国で水道水への添加に次いで、虫歯対策への利用が始まる

1970年代　フロンガスによるオゾン層破壊が問題に

日本でアルミ工場周辺でのフッ素公害でアルミ精錬工場の海外移転相次ぐ

1984年　6フッ化ウラン輸送船モンルイ号沈没事故

1980年代　フッ素樹脂の広がりとともに、過熱高温による有害ガス発生が問題に

1987年　オゾン層の保護に関するウィーン条約およびモントリオール議定書採択される

1992年　六ケ所村のウラン濃縮工場操業開始

1995年　地下鉄サリン（猛毒フッ素化合物）事件発生

2000年　3M社がPFOSによる世界各地の野生生物への汚染を発表、2002年に製造を中止

コラム

フッ素洗口強制化と子どもたちの健康

2022 年 12 月 28 日、厚労省は各都道府県知事あてに「フッ化物洗口の推進に関する基本的考え方」という文書を送付した。これは新たな「フッ化物洗口マニュアル」がまとめられたのを機会に、フッ素化合物洗口（以下、フッ素洗口）をいっそう推進するよう強く求めたものである。それを受けて文科省も全国の教育委員会などにあてて「学校における集団フッ化物洗口について」という文書を送付した。学校での集団フッ素洗口を事実上強制化する内容である。それに合わせたように「フッ化物配合歯磨剤の推奨される利用方法について」という、日本口腔衛生学会など 4 学会合同による、歯磨き剤でのフッ素推進の提言も発表された。

4 学会の提言では、「子どものう歯の罹患率は他の疾患と比較しても高い」としている。しかし子どもの虫歯は減っており、1990 年には 4.30 本だった 12 歳児での平均の虫歯数が、2020 年には 0.68 本と、ごくわずかになっている。虫歯減少はフッ素がもたらしたものではない。虫歯が起きるメカニズムが分かり、予防的措置が広がったからである。虫歯は、主にミュータンス菌がもたらす感染症であり、同時に生活習慣病でもある。このミュータンス菌は、最初から口腔内にはなく、お母さんから小さい子どもへの口移しなどで感染する。この細菌が歯垢を形成し、糖などの甘いものにより口腔内が酸性化すると、エナメル質の脱灰が起き、虫歯になる。歯垢内は酸性に弱く虫歯になりやすいのである。糖などの甘いものをよく食べると、虫歯になりやすくなることが、生活習慣病でもあるという点である。

フッ素は百害あって一利なし

本当にフッ素は虫歯対策として有効なのか。フッ素が虫歯に良い理由として、アパタイトを形成して歯の表面のエナメル質を硬くし、虫歯を起こしにくくする、と説明されてきた。本当にエナメル質を硬化するのか。硬化どころかむしろ障害をもたらすことを証明したのが、明海大学の筧光夫講師の「生体アパタイトとフッ素イオンの影響」（2006 年、2014 年「フッ素研究」誌）論文である。ラットを用いた実験で、アパタイトの形成はなかった。それどころか歯、骨などの形成に関わる酵素の合成に障害をもたらすことが判明したのである。アルミ産業が廃棄物利用で始めた、フッ素は虫歯に有効という説は、実は確認されないまま、独り歩きしてきたのである。

しかもフッ素は斑状歯をもたらす。斑状歯とは、フッ素を体内に取り込むことでエナメル質が正常に形成されないことをいう。歯の細胞からエナメル質を形成するのに必要な酵素がフッ素で障害され、石灰化が不十分になり斑状歯となる。これを治す方法はない。

フッ素洗口で子どもたちは、洗口液を口に含む。その際、誰もが微量は必ず飲み込むが、年齢が低いほど飲み込む割合が大きい。そのため1994年にWHO（世界保健機関）は、6歳以下のフッ素洗口を禁忌としたのである。さらに問題なのが、長期微量摂取による影響で、慢性毒性、発がん性、遺伝毒性、アレルギーなどに関する研究がある。フッ素は最終的に腎臓を経て排出されるため、腎機能の低下をもたらす。またフッ素は、胃液の塩酸と反応してフッ化水素を発生させ、胃壁から取り込まれ、カルシウムへの影響が出て低カルシウム血症・骨硬化症になりやすく、骨折しやすくなるという研究がある。米国国立がん研究所の毒性プログラム等で、骨肉腫が起きやすくなるという指摘もある。他の癌では、水道水へのフッ化物添加地域で咽頭がん、口腔がん増加しているという報告がある。ダウン症（染色体異常）をもたらすという研究では、培養細胞で遺伝子を傷つけたり染色体異常をもたらすとする研究が行われている。さらに最近では、ごく微量のフッ化物でも反応してしまう、過敏症の人が増えているという指摘がある。フッ素洗口は、百害あって一利なしで犠牲になるのは子どもたちである。このような有害なものを子どもたちの口の中に入れさせてはいけない。

12歳時のむし歯（う歯）数

（喪失歯・処置歯を含む）

1985年	4.63本
1990年	4.30本
1995年	3.72本
2000年	2.65本
2005年	1.82本
2010年	1.29本
2015年	0.90本
2020年	0.68本

数しかフッ素に置き換わらないと、余り性格が変わらず、医薬品や農薬などに利用されている。OECDの報告によると、PFASは4730種類あるという。

PFASの中で使用量が多いのが、PFOS、PFOAである。3M社がPFOSによる世界各地の野生生物への汚染を発表したのが2000年で、2002年にこの物質の製造を中止した。それよりもかなり前に問題点が指摘されており、この中止の決定は遅かったといえる。

このPFASは、撥水性、耐油性や耐薬品性、安定性に優れていることから、多くの工業用や家庭用の製品に使われてきた。特に問題になっているのが、洗剤や消火剤として利用されていることで、半導体や自動車修理などの工場や基地等で使用され、地下水など周囲の環境を汚染し続けてきたことである。

とくに米軍基地が集中する沖縄での地下水等の汚染は深刻である。その地下水は、人々の飲料に使われるため、人体汚染を招くことになる。また東京にある横田基地からの汚染もまた、三多摩を中心に首都圏の地下水を汚染し、それを飲み水としている地域の人たちを中心に広く人体汚染をもたらした。汚染をもたらすのは、米軍基地だけでない。自衛隊の基地も可能性がある。またPFASの製造工場である大阪府摂津市にあるダイキン工業の淀川製作所の周辺もまた、高い濃度で汚染が検出されている。その他にも、さまざまな工場で使用されているため、そこからの排出を考えると、汚染源は至る所にあるといっていい。

例えば消火剤では、PFOS、PFOAといった界面活性剤に水、不活性ガスなどを加え、大量に泡を起こし、火元全体にかけて火を覆い、酸素の供給をストップさせて消火する。衣服の防水加工や防水スプレーなどにも利用されている。貸衣装屋などで用いる服はこの加工が施され、汚れの防止などに役立てている。自動車、バイク、自転車等のつやだし剤、防錆剤、錆取り剤などにも。化粧品ではファンデーション、口紅、マスカラ、日焼け止めなどに用い、皮脂や汗などによる化粧崩れ防止などに用いられている。フッ素樹脂加工のフライパンでは主に接着剤に使用されている。その他にもファーストフード店の包み紙に使用されるなど用途は広い。

通常、フッ素化合物は親水性、親油性がないため汚染物質になり難い。PFASを洗剤や消火剤など工業用に利用するために親水性や親油性をたかめているため、環境汚染や人体汚染をもたらしているのである。しかも、ほとんど分解されないため、環境中にとどまり続け、巡り巡って人体を汚染し続けるのである。そのため使用すればするほど、環境汚染は深刻化し、それは巡り巡って食品や水道水などを通してさらに人体を汚染するのである。

私たちが摂取してしまうルートとしては、飲み水以外では、食品を通しての摂取が最も多くなっている。とくに多いのが魚介類であるが、それ以外では乳・乳製品、肉・肉製品、卵・卵製品が多い。それは汚染が濃縮されていく食物連鎖によるものである。

毒性としては、血清総コレステロール値の増加をもたらし、動脈硬化や糖尿病、甲状腺機能低下や肥満などが起きやすくなる。腎臓や子宮胎盤に蓄積しやすく、特に深刻な影響が懸念されているのが、低体重児出産、妊娠時高血圧、子どもの発達障害など生殖や出産、子どもへの影響である。また腎臓がん、精巣がんなどの発がん性も疑われている。WHO の専門家機関の IARC（国際がん研究機関）が、2017 年に PFOA を発がん性で「２B」にランクさせた。米国では､ワクチン接種での抗体反応の低下が起きやすいとして、規制を強化している。

有害化学物質を規制するストックホルム条約で、PFOS は 2009 年、PFOA は 2019 年に製造・使用が原則禁止された。日本でも早く規制が強化されないと手遅れになる危険性がある。

フッ素洗口問題の歴史

1950 年頃から　アルミ精錬のフッ素廃棄物利用を目的に水道水へのフッ化物添加始まる

1955 年頃　米国で水道水への添加に次いで、虫歯対策への利用が始まる

1970 年　新潟県の小学校でフッ化物洗口が始まり、全国へ拡大する動き始まる

2000 年　健康日本 21 始まる。（母子保健・学校保健・老人保健などの統一化、健康国家戦略の中にフッ素推進が組み込まれる、9 つの分野で 70 の目標（ストレス・自殺・朝食欠食・飲酒など、歯の健康が含まれる）

2002 年 11 月　厚労省研究班「う歯予防のためのフッ化物洗口マニュアル」

2003 年 01 月　厚労省が都道府県知事に「フッ化物洗口ガイドラインについて」通達

2011 年 02 月　日弁連による集団フッ素洗口・塗布の中止を求める意見書

2011 年 08 月　歯科口腔保健の推進に関する法律（自治体の歯科保健条例施行加速）

2022 年 12 月　厚労省が都道府県知事に「フッ化物洗口の推進に関する基本的考え方」通達

2023 年 1 月　文科省が「集団フッ化物洗口」推進を自治体の教育委員会などに求める文書を送付。フッ素含有歯磨き剤推進のための 4 学会の提言

第３部　食品汚染

厚労省前にて

1
超加工食品と食品添加物

超加工食品とは？

新型コロナウイルス感染症が広がり、自粛生活が拡大したのに伴い、食生活に変化が起きた。外食が減少し、家での食事が増えたのだが、その結果、宅配のお弁当などと並び、スーパーで「超加工食品」がよく売れた。その傾向は、コロナ後も続いている。

超加工食品とは、ブラジル・サンパウロ大学の研究者が行った「NOVA分類」で、グループ4に分類された食品のことである。グループ1は野菜や果実など加工されていない食品、グループ2はバターやハチミツなど少し加工された食品、グループ3はチーズや缶詰などの最低限の加工食品、そしてグループ4が超加工食品で、スナック菓子、カップ麺、炭酸飲料、健康食品など加工度の高い食品のことである。糖質、油脂、塩分を多く含むことが多く、食品添加物が多く使われ、食物繊維とビタミンが少ないのが、その傾向としてある。

この超加工食品が注目されたきっかけは、食事における超加工食品が占める割合と、がん、死亡率、肥満との関連を調べたフランスの研究が、2018年に英国の医学雑誌に発表されてからである。このフランスの調査は、成人約10万人を5年間追跡したもので、女性が78％を占め、平均年齢が43歳だった。超加工食品を多く食べている人はがんになりやすく、とくに乳がんになりやすく、死亡のリスクが高くなり、体重が増加するという結果が出たのである。

スーパーやコンビニ、最近ではドラッグストアでも超加工食品がずらっと並んでいる。その超加工食品の表示を見ると、最近の傾向として、よく使われている添加物に次のものがあった。もちもち感を出す加工でんぷん、増粘多糖類、人工的な色を作り出すカロチノイド色素、カラメル色素、人工的な

コラム

ホールフードという食べ方生き方

料理研究家のタカコ・ナカムラさんが提唱したホールフードという「生き方・暮らし方」にかかわる食べ方がある。野菜などを丸ごと食べることにこだわったもので、通常の調理法では、栄養分の豊かなジャガイモなどの皮、ニラなどの根元、たまねぎなどの芯といった、通常では捨てたり、切り落として調理することが多いものを，なるべく丸ごと食べようという考え方である。丸ごと食べれば、栄養分がもっとも豊かなところを失わず摂取することができる。それだけではない。

いま日本の自給率は、カロリー換算で38％程度である。大量に食料を輸入しており、その多くを捨てている。輸入される作物の一部には、途上国からのものもあり、その多くがその国の人が食べる分を奪っているのである。しかも日本では食料の多くを食べず捨てている。最近では、この捨てる食料を少なくする取り組みが広がりつつあるが、残さず食べることに加えて、調理の過程で切除されている皮などを食べれば、数字の上では自給率が80％近くに上がると考えられる。

しかし、栄養分が多いところを食べることは、農薬を用いたものだと、最も蓄積された部分を食べることになる。そのため有機農業で作られた、あるいは農薬を使っていない作物を食べることが必要になる。環境汚染物質にも気を遣うことから、地球にやさしい生き方・暮らし方が大事になる。

ホールフードという考え方はとても大事である。いま日本では貧困層が増え、まともに食べることができない人が増えており、コロナ禍によりそれが加速してしまった。食料自給率を増やし、多くの人に分け隔てなく行きわたるようにしていくことが、とても大切なのに。

味を創り出す調味料（アミノ酸等）、グリシン、そして長持ちさせるビタミンＣやＥといった酸化防止剤である。ということは、超加工食品を添加物から見ると、合成された味や触感、色で作られた、長持ちする食品だということができる。

もちもち感を出す加工でん粉には、アセチル化アジピン酸架橋デンプンなど12種類あるが、その中にＥＵではミルクやベビーフードなどに用いることを禁止しているものが２種類あり、それらが使われている可能性がある。

何が使われているかは、食品表示からは分からない。また増粘多糖類には、発がん性が疑われているカラギナンが使われている可能性がある。

着色剤で最近増えているのが、カロチノイド色素とカラメル色素である。カロチノイド色素も多種類あり、どれが使われているか分からないが、そのひとつカンタキサンチンは目の網膜に影響を与えることで知られている。カラメル色素は4種類あるが、そのうち2種類でアンモニウム化合物が用いられ発がん性が疑われている。超加工食品には、それらの有害性が疑われているものが使われていると考えていい。

酸化防止剤としてビタミンCやEがよく使われているが、これらはいずれも遺伝子組み換え食品添加物であり、やはり安全性に不安がある。

調味料（アミノ酸等）、グリシン

人工的な味をもたらす代表格が、調味料（アミノ酸等）とグリシンである。前者の商品名は「味の素」。強い味で、素材そのものの味を分からなくさせてしまう効果がある。味をごまかせるため、幅広い加工食品で使われている。この場合のアミノ酸は、グルタミン酸ナトリウムで、「等」は核酸のイノシン酸とグアニル酸が多く、いずれも遺伝子組み換え技術を用いて生産されている。このような作られた味覚になれると本物の味を見失ってしまい、とくに味蕾の発達期にある子どもたちには食べさせたくないものである。

もう一つのグリシンだが、これが意外とくせ者で、超加工食品の隠れた主役といっていいかもしれない。薄い甘みがあり、味覚での効果は弱いのだが、にもかかわらず大量に用いられる理由は、pH調整作用や制菌作用があり、保存料として用いられることが多いからである。よく「合成保存料・合成着色料不使用」という表示を見かけるが、保存料の代わりにグリシンが大量に使用されているケースが増えている。グリシンはまた甘みが薄いため、さまざまな料理や加工食品に用いると、さりげない甘みをもたらし、本物の味と錯覚させることができる。また、実際の塩分よりも塩味を薄める効果を持っている。コンビニおにぎりにもよく用いられているが、そのおにぎりには大量の塩が用いられている。しかし、グリシンを用いることで、塩分をほとんど感じさせない。知らないうちに塩分過剰摂取をもたらしているのである。超加工食品の問題は、このように食品添加物の問題でもある。

異性化糖、人工甘味料

私たちの食卓に日々登場する食べものの多くが、以上のように人工的な食感や味のものになってきている。それだけ加工食品が増えたといえる。そこに使われる食品添加物やそれに類する役割を果たす食材は全体で年間約326万トン、一人年間約27kg、1日74gに達する。その中で最も多く消費されているのが甘味料で、その約60%に達する。

その甘味料の中で断トツに多いのが異性化糖で、ブドウ糖果糖液糖などと呼ばれるものである。ブドウ糖と果糖が分かれて存在し、液体の形をとっていることから、このように呼ばれる。果糖の方が多いと果糖ブドウ糖液糖と表示される。果糖やブドウ糖を単独で用いることもある。原料はコーンスターチで、それはほぼすべて米国産の遺伝子組み換えトウモロコシ由来である。この異性化糖は、砂糖などと違い、すぐに吸収されるため、急激に血糖値を上げてしまい、糖尿病の方は、特に気を付ける必要がある。

異性化糖は食品添加物ではなく、食材である。食品添加物の甘味料で現在よく使われているのが、アスパルテーム（ネオテーム）、スクラロース、アセスルファムKの3種類の合成甘味料である。これらは砂糖よりも数百倍か

2021年の日本における人工甘味料の需要

アセスルファムK	480トン
アスパルテーム	395トン
ネオテーム	30トン
スクラロース	160トン
サッカリン	90トン
ステビア	200トン
甘草抽出物	90トン

（異性化糖111万トン、ブドウ糖8万6000トン、果糖1万9000トン）
食品化学新聞2022年1月13日より

ら数万倍の甘さをもち、値段が高い砂糖に代わり、安価で大量生産できるものとして開発されてきた。低カロリーやノンカロリーと表示されている食品によく用いられており、ダイエットブームに乗って使用量を増やしてきた。

消費者庁は、食品添加物の表示に関して、「人工、合成、化学、天然」といった表示を禁止することを決め、2024年度から施行することになった。食品添加物業界や大手食品メーカーの強い圧力が功を奏したのである。問題点を見えにくくさせるのが目的で、そのためこれらの人工甘味料から「人工」の文字が消えることになる。

アスパルテームは、フェニルアラニンを遊離するためフェニルケトン尿症の人が摂取すると危険であるため、「アスパルテーム・L-フェニルアラニン」

コラム

アスパルテームの安全性をめぐる研究

アスパルテームをめぐっては、以前からその安全性をめぐり論争が繰り返されてきた。米国では脳腫瘍などの原因になっているとして、1990年代、医師たちが使用許可の取り消しを求めて運動したのである。その中で、1990年代末に面白い研究が発表された。研究者はノースイースト・オハイオ医科大学のラルフ・G・ウォルトン博士である。

博士は、アスパルテームについての動物実験などの研究論文(1976年～1998年)を分析した。ひとつはアスパルテームを作っている企業から研究費をもらって研究した論文の結果はどうだったか。もうひとつはアスパルテームを作っている企業から研究費をもらわずに研究した論文の場合どうだったか、という比較である。

アスパルテームを作っている企業から研究費をもらって研究した論文の場合、件数74で、そのすべてが安全だと結論づけている。ではアスパルテームを作っている企業から研究費をもらわずに研究した論文の場合はどうだろうか。件数91で、脳腫瘍などの有害性を指摘した論文が84（92%）にのぼった。一方、安全だとした論文は7だった。

全体では、有害８４・安全８１と拮抗している。このように結論は、アスパルテームを作っている企業により、有害性が薄められていたのである。

と表示することが求められている。アスパルテームからフェニルアラニンを遊離しないようにしたのがネオテームである。このアスパルテームに関しては、多くの動物実験で、脳腫瘍などの発がん性が見られる。

スクラロースは、有機塩素系化合物であるため、有害な不純物を生成しやすいことから、消費者団体が使用禁止を求めてきたものである。アセスルファムKは苦みも強いため、他の甘味料と併用することが多いところに特徴がある。

これらの合成甘味料はいずれも、ダイエット食品などによく用いられているが、カロリーがほとんどないということは、消化されない、あるいはされ難いことを意味する。その分、下痢をもたらしたり、腎臓への負担が大きく、とくに腎臓障害の方は気を付ける必要がある。同時に、体は甘いものを摂取するので脳や膵臓などが反応し、血糖値を上げインシュリンの分泌を促進し、それが低血糖状態をもたらし、反動で急激に高血糖をもたらすなど乱高下が起こりやすく、糖尿病や予備軍の方は気を付けなければいけない添加物である。

いずれにしろ、大事なのは食材そのものの味が分かることで、それにより本当に美味しいものが分かるし、それは食の安全につながることでもある。

2
遺伝子組み換え食品

遺伝子組み換え食品とは何？

バイオテクノロジーを応用した食品が増え続けている。中心は、遺伝子組み換え食品やゲノム編集食品といった、遺伝子を操作する食品である。最近登場してきたものにフードテックがある。従来の自然を生かし、自然とともに育ててきた作物や家畜、魚などとは異なり、人間が先端技術を用いて開発した食品であり、食経験がない安全性に不安がある食品である。

最初に登場した遺伝子組み換え食品から見ていこう。遺伝子組み換え食品は、バイオテクノロジーを用いて、他の生物の遺伝子を、改造したい作物や魚のゲノム（全DNA）に組み込んで開発した食品である。分かりやすい例を挙げると、青いカーネーションがある。カーネーションには青い色をもたらす遺伝子がない。そのためペチュニアの青色色素をもたらす遺伝子を導入して、青いカーネーションが開発された。このように他の生物の遺伝子を組み込み、それまでその生物が持っていなかった性質をもたらす技術である。

遺伝子組み換え作物は、1996年に米国とカナダで本格的な栽培が始まり、その年に日本への輸出も始まり、私たちの食卓に並び始めた。最初から問題になってきたのは、これまで自然界にはなかった生物を作り出すことから、栽培した際の生態系（環境）への悪影響である。また食経験がないため、食品としての安全性が懸念された。加えて、遺伝子が特許になることから、種子や作物が特許になり、排他的権利を持つことができ、特定の企業が種子を独占でき、かつ食料を支配できることだった。このような問題を抱えて出発したため、世界中で農民や消費者の反発が強まったのである。

除草剤耐性と殺虫性

現在、世界で栽培されている作物は、トウモロコシ、大豆、ナタネ、綿である。遺伝子組み換えがもたらす新たな性質としては、農薬メーカーが開発の中心だということもあり、主に除草剤耐性と殺虫性（害虫抵抗性）である。

除草剤耐性作物は、ラウンドアップやバスタといった、植物をすべて枯らす除草剤に対して抵抗力を持たせたものである。除草剤をかけても生き残る細菌から、その耐性をもたらす遺伝子を取り出し作物に入れて開発した。ラウンドアップ耐性大豆を作付けすると、ラウンドアップを撒いた際に、大豆以外のすべての植物が枯れるため、除草の際の手間ひまが省ける効果を狙ったものである。

殺虫性作物は、殺虫毒素を持つBt菌から、その毒素を作る遺伝子を取り出し作物に入れたものである。虫が作物を食べるため侵そうとすると、殺虫毒素も一緒に摂取し虫が死ぬため、だんだん虫が寄りつかなくなるというのが狙いである。除草剤耐性も殺虫性も、生産者の省力化をもたらす作物とし

性質別遺伝子組み換え作物（2019 年、出典 ISAAA）

除草剤耐性（大半がラウンドアップ耐性）	8150 万 ha（42.8％）
除草剤耐性＋殺虫性など複数の性質	8510 万 ha（44.7％）
殺虫性	2360 万 ha（12.4％）
計	1 億 9040 万 ha

世界での遺伝子組み換え作物の作付け面積の推移 (出典 ISAAA)

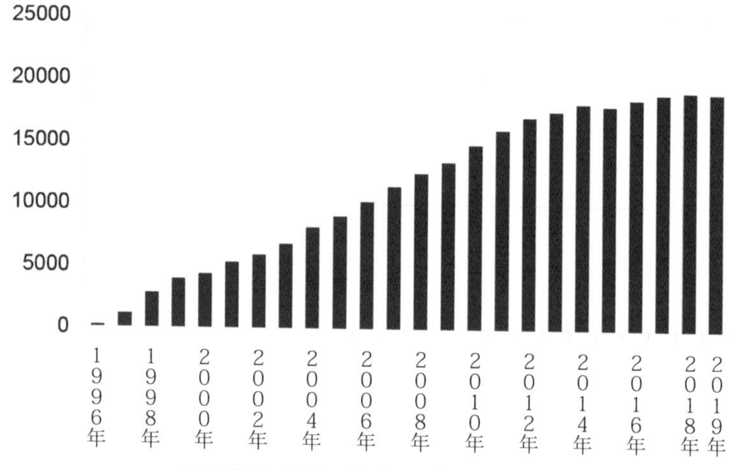

1996年から2019年までの推移、単位：万ha

（参考・日本の国土の広さは 3780 万 ha、世界の農地は約 15-16 億 ha）

注　栽培面積が減少に向かったため、ISAAA は 2020 年以降、統計数値を発表しなくなった。

主要栽培国	2019 年	
米国	7150 万 ha	
ブラジル	5280 万 ha	
アルゼンチン	2400 万 ha	以上が 3 大栽培国
カナダ	1250 万 ha	
インド	1190 万 ha	

計　1 億 9040 万 ha（三大栽培国 1 億 4830 万 ha）

て開発された。

この間増えてきたのが、スタック品種と呼ばれる、複数の性質を持たせた品種である。除草剤耐性では、ラウンドアップとバスタの両方に耐性をもたらしたもの、さらには除草剤耐性と殺虫性の両方の性質をもたらしたものなどで、スマートスタックと呼ばれる8種類の遺伝子を組み合わせたものまで登場している。

最初は、その省力効果が功を奏し、米国やカナダ、アルゼンチン、ブラジルなど北南米大陸で広がったものの、他方で、世界的に農家や消費者から嫌われ、頭打ちになっていくのである。さらに追い討ちをかけるように、除草剤耐性作物の栽培地域では、除草剤で枯れない雑草が拡大し、殺虫性作物の栽培地域では、殺虫毒素で死なない害虫が増え、その効果が薄れたことで、さらに栽培面積は減少傾向をたどるのである。国際アグリバイオ事業団（ISAAA）という遺伝子組み換え作物推進のために作られた国際機関が、毎年栽培統計データを発表してきた。近年、栽培面積が減少傾向をたどり始めると、2019年を最後に、その統計データを発表しなくなってしまった。

どのような作物が開発されているのか

現在、世界的に栽培が進められて遺伝子組み換え作物は、大豆、トウモロコシ、綿、ナタネの4作物である。これら4作物は、遺伝子組み換え作物の栽培が始まった当初から栽培が始まり、拡大を続けてきた作物である。日本で流通している作物もこの4作物で、輸入され、さまざまな食品に用いられてきた。

どのような食品になっているのか。これら4作物とも、輸入の形態は種子であり、その種子から主に食用油が作られてきた。そのため遺伝子組み換え食品の代表というと、食用油であり、その油を用いたマヨネーズやマーガリンといった油製品である。

大豆の場合、食用油、油製品以外に醤油、蛋白加水分解物や食品添加物の乳化剤に用いるレシチンなどが作られてきた。

トウモロコシの場合、大半が家畜の飼料として輸入されているが、食品として最も多いのが食用油と油製品で、その他にコーンスターチから、さまざまな食材や食品添加物が作られている。

ナタネはほとんどが食用油や油製品になっている。

綿そのものは、食用というより衣服などに用いられることが多いが、種子である綿実から油が作られている。素麺などに用いる油には、この綿実油が用いられることが多い。

さらには、これらの作物では、油の搾りかすから飼料が作られている。ナタネの場合、肥料に用いられている。トウモロコシの多くが飼料として輸入されていることを踏まえれば、最も多く遺伝子組み換え作物を食べているのは家畜であり、食肉や乳、チーズやバターなどの乳製品や卵などは、間接的な遺伝子組み換え食品ということになる。

では私たちはどのくらい遺伝子組み換え食品を食べているのだろうか。恐らく、作付け・輸出国の米国、カナダ、アルゼンチン、ブラジルの人たちと並んで、日本・韓国・台湾の人たちが、世界で最も多く食べていると思われる。現在、北南米大陸で栽培された作物の多くが輸出されているが、その輸出先は中国を含めた東アジアが多い。必然的に日本人が最も多く食べている国民の一つになっている。

遺伝子組み換え食品の問題は？

遺伝子組み換え作物の抱える大きな問題としては、第１に、輸送時などで種子がこぼれ落ち自生したり、栽培している際に、花粉を飛散させることで起きる遺伝子汚染がある。魚や家畜、昆虫などの動物の場合は、逃げ出すなどして野生化して繁殖したり、野生種と交雑を起こすことで遺伝子が拡散して、時には特定の生物種を滅亡に追いやるなど、生態系に大きな影響をもたらすことが考えられる。

第２に、これまで食経験がない食品であり、私たちが食べた際に安全性においてどのように問題が生じるか懸念される。また、これらの作物を開発してきたのが、多国籍農薬企業であり、農薬を大量に使用させるのが目的で開発された作物が中心であるため、残留農薬が食の安全を脅かすことになる。

どのような作物が栽培されているのか

日本で流通している作物　大豆、トウモロコシ、綿、ナタネ
流通の可能性のある作物　テンサイ、アルファルファ、パパイヤ
そのほかに栽培されている作物　ジャガイモ(米国)、小麦(アルゼンチン)、
稲（フィリピン)、ズッキーニ（米国)、ナス（バングラデシュ）

世界全体の作付面積に占める遺伝子組み換え品種の割合

（2019年、出典ISAAA）

	2019年の全体の作付面積	遺伝子組み換え品種の作付面積
大豆	12,490万ha	9,190万ha（74%）
トウモロコシ	19,340万ha	6,090万ha（31%）
綿	3,240万ha	2,570万ha（79%）
ナタネ	3,760万ha	1,010万ha（27%）
その他	80万ha	
計	3億8830万ha	1億19040万ha

どのような食品になっているか？

ナタネ→　食用油、油製品など（油の絞り滓は肥料）
ダイズ→　食用油、油製品、醤油など（油の絞り滓は飼料）
トウモロコシ→食用油、油製品、コーンスターチなど（大半を飼料として輸入）
ワタ→　食用油、油製品、素麺など（油の絞り滓は飼料）

日本の食卓に登場する遺伝子組み換え食品の割合

	2018年の作付け割合	日本の輸入の割合（2019年）	日本の自給率（2019年）	食卓に出回る割合
トウモロコシ				
米国	92%	69%	0.0%	90.3%
ブラジル	89%	29%		
アルゼンチン	97%	1%		
大豆				
米国	94%	73%	6.0%	87.9%
ブラジル	96%	16%		
カナダ	95%	10%		
ナタネ				
カナダ	95%	95%	0.0%	91.4%
豪州	22%	5%		
綿実				
米国	94%	61%	0.0%	75.0%
ブラジル	84%	21%		

2018年の作付け割合は、全作付け面積の中の遺伝子組み換えの割合

出典）ISAAA、米農務省、農水省などより計算

第3に、種子が特許となり、その種子から得られる作物も特許となるため、開発者に排他的な権利が生じてしまうことである。それが特定の企業による種子独占や食料支配をもたらすことになる。現在、遺伝子組み換えやゲノム編集など、遺伝子関連の基本特許を持っているのはドイツのバイエル社や米国のコルテバ社などの多国籍農薬企業であり、それらの特定の巨大企業によって世界の種子や食料が支配されつつある。

また遺伝子組み換え作物は、同一品種の同一作物を広大な面積で栽培する「モノカルチャー化」を前提としているため、農地の荒廃と水の大量使用をもたらしているのである。

作物がもたらす生物多様性への影響

遺伝子組み換え食品がもたらす問題点を詳しく見ていこう。まずいえることは、これまで自然界に存在しない生物を作ったことで起きる環境（生態系）

への影響である。特に問題になっているのが、組み換えた遺伝子の汚染がもたらす影響である。他の生物を滅ぼすなど生態系に深刻な影響が出ないかが懸念されている。そのため国連は、野生生物や熱帯雨林、湿地の保護などを求めた生物多様性条約の中で、特別にバイオテクノロジー応用生物を規制するカルタヘナ議定書を定めた。

この議定書は遺伝子組み換え生物の規制を定めているが、同時に国内法制定を求めたため、日本でもカルタヘナ国内法が施行された。この法律では、遺伝子組み換え生物が生物多様性に影響が出ないよう、事前の評価を求めている。例えば、ナタネなどの作物から花粉が飛散して交雑することで起きる影響を評価するよう求めている。しかし、その評価は、ほとんど規制の役割を果たしていないのが現実である。影響を及ぼす生物として評価の対象としているのが野生生物だけで、農作物が対象外だからである。ナタネの場合、アブラナ科で交雑の範囲は広い。農地で栽培される白菜や小松菜、ブロッコリーやカリフラワー、大根などと交雑を起こすが、農作物は対象外であることから、それらは対象外である。しかも、外来種は評価の対象から外されているため、評価の対象がほとんどない。大豆の場合、対象はツル豆だけである。交雑可能なすべての植物を対象とすべきであるにもかかわらず。
遺伝子汚染は、植物間だけで起きるわけではない。例えば、作物からの遺伝子汚染が微生物に変化をもたらす可能性がある。その微生物を媒介して昆虫など動物に影響する可能性もある。生態系すべてに影響する可能性がある以上、それらを評価する必要があるのだが、それも行われていないのである。

食の安全を脅かしている現実

米国環境医学会（AAEM）は2009年5月19日に「ポジション・ペーパー（意見書）」という形で声明を発表し、遺伝子組み換え食品の即時のモラトリアムを求めた。そのメッセージは次のようなものだった。「いくつかの動物実験が示しているものは"遺伝子組み換え食品と健康被害との間に、偶然を超えた関連性を示しており"遺伝子組み換え食品は、毒性学的、アレルギーや免疫機能、妊娠や出産に関する健康、代謝、生理学的、そして遺伝学的な健康分野で、深刻な健康への脅威の原因となる」と結論づけた。その上で、AAEMは次のことを求めた。「遺伝子組み換え食品のモラトリアムと即時の長期安全試験の実施、遺伝子組み換え食品の全面表示の実行。云々」
同学会の報告では、多数の動物実験の結果が引用されているが、それを大別すると３つのパターンに集約できる。いずれも複数の動物実験の結果を受けたものである。
１、免疫機能への悪影響。
２、子孫が減少したり、ひ弱になる影響。
３、肝臓や腎臓など、解毒器官の損傷。
このAAEMの報告の後に、フランス・カーン大学の分子生物学者で内分泌学者のジレ・エリック・セラリーニなどの研究チームが、ラットを用いて動物実験を行い、遺伝子組み換え食品の危険性が改めて示された。論文は「食品と化学毒物学」（2012年９月）に掲載された。使用したラットの数は通常より多い２００匹で、さらに雄と雌に分け、実験の期間も通常より長いラッ

コラム

DNAと遺伝子の関係、そしてゲノムとは？

遺伝子の本体は、一部のウイルスを除いてDNA（デオキシリボ核酸）と呼ばれるものである。そのDNAはどの生物にも共通で、二本鎖らせん構造をもっており、その鎖の上に4種類の塩基が並んでいる。そのＤＮＡ上に小さく区切られた単位で存在するのが遺伝子である。

遺伝子では、ＤＮＡの塩基の並び方に従って、特定のアミノ酸が指定され、並べられていく。そのアミノ酸がつながったものが蛋白質である。そのため遺伝子とは、蛋白質を作り出す単位であり、人間には2万強の遺伝子がある。DNAには遺伝子として働いて蛋白質をつくる部分と、働いていない部分があり、人間の場合、3%程度しか働いていないと見られている。なぜ働かない部分があるのかは、まだ解明されたわけではないが、最近になり、実は重要な役割を果たしていることが分かってきた。それとともに、一つの遺伝子が複数の機能を持つなど、遺伝子の働きも実に複雑であることが分かってきた。

遺伝子には、蛋白質を作り出す役割とともに、もう一つの大きな役割がある。次々と細胞を複製していくことである。人間の場合、たった一つの受精卵から、30兆強もの細胞から成り立つ体全体を形成していく。体を作り上げるだけでなく、日々、血液やホルモンなどを作り出して生命活動を支えている。もう一つの複製は、親から子へ、子から孫へというように世代を超えて受け継がれていくことである。これが遺伝子の言葉の由来となった。

そのすべてのDNAをゲノムという。人間の場合、それぞれの細胞の核の中に23本の染色体が2組入っており、その染色体にDNAがある。その23本の染色体に乗っているすべてのDNAのことをゲノムという。そのためすべての遺伝子を指すことにもなる。そのゲノム上の遺伝子を指定された箇所で切断して壊すのがゲノム編集である。自由自在に指定した個所で壊せるようになったことから、ゲノム編集という名前がつけられた。

遺伝子は、ＤＮＡという化学物質だが、単なる物質ではない。「生命のもっとも基本にあって活動している単位」なのである。研究者は、化学物質であることを強調して、実験・開発を進めてきた。生命を物質として扱ってきたのである。このような生命の粗雑な扱い方に、基本的な問題点が潜んでいるといえる。

トの寿命にあたる2年間という長期で行った。その結果、雌と雄では寿命でも、腫瘍などでも健康被害の出方が異なっていた。早期死亡率では、雄はほとんど影響がなかったのに対して、雌は投与群の早期死亡率がきわめて高かった。しかし雄でも、自然死は少なくがんによる死亡が多かった。雌では、大きな腫瘍の発生率が高く、その大半が乳がんだった。雌では乳がん以外には、脳下垂体の異常が多かった。雄では肝機能障害と腎臓の肥大、皮膚がん、消化器系への影響がみられた。

このセラリーニなどが行った動物実験を掲載した論文は、その後最初に掲載した「食品と化学毒物学」が、その掲載を取り消した。この論文掲載取り消しに直接つながると思われるのが、2013年初めに同誌の編集スタッフに元モンサント社にいた科学者でバイオテクノロジー業界と強いつながりのあるリチャード・E・グッドマンが入ったことである。加えて、論文掲載後に起きた、GMO推進派による徹底的な同誌攻撃が原因と考えられる。このことはフランスの「ル・モンド」紙が明らかにした。論文掲載が取り消されたことから、論文そのものを見ることができなくなったため、「環境科学・欧州」誌がこの論文を再掲載したのである。

種子支配・食料支配が進んでいる

遺伝子組み換え種子は、多国籍農薬企業が開発してきた。最初は、米国モンサント社の独占状態だったが、そのモンサント社をドイツのバイエル社が買収し、いまはモンサント社の名前が消えてしまった。バイエル社とモンサント社のこの連合で、種子は世界のシェアの29%を支配、農薬では26%を支配する巨大なアグリビジネスが誕生した。それを追いかけているのが、いずれも米国の企業であるデュポン社とダウ・ケミカル社のアグリビジネス部門が合併して誕生したコルテバ・アグリサイエンス社で、種子は世界のシェアの24%を支配、農薬では16%を占める、これまた巨大なアグリビジネスが誕生したのである。

さらに中国の国営企業である中国化工集団公司が、世界最大の農薬企業であるスイスのシンジェンタを買収した。この中国・シンジェンタ連合は種子では世界のシェアの8%、農薬では20%を占めている。この中国の企業はイスラエルの農業関連企業MAI社（現在のアダマ・アグリカルチュラル・ソリューションズ社）をはじめ世界中のアグリビジネスの買収を続けており、シェアはさらに大きくなりつつある。これに種子で世界のシェアの13%を占めるドイツのBASF社が加わり、4社での寡占体制が進んできた。

遺伝子組み換えに続いて、ゲノム編集技術が登場した。この技術もまた、これらの企業の独占場になっている。種子を支配し、食料を支配するための技術開発であることが、より鮮明になったのである。

コラム

戦争と加工食品

ガス置換包装で長持ち

最近、スーパーマーケットに行ってその変化で気がつくことがいくつかある。その一つが、生鮮食品のスペースが少なくなり加工食品が数多く並んでいることである。その代表例が野菜だが、これまで野菜といえば、生鮮食品の代表だったのだが、プラスチックの容器に入れられたり、ラップなどに包まれ、小分けした加工食品が増えたことである。また、同じ加工食品でも、冷凍や冷蔵の食品も増えているが、気になるのが常温で長持ちする食品が増えていることだ。

以前は、常温で長期保存に耐えられる食品というと、乾燥、塩漬け、燻製、発酵など、生活の知恵から生まれたものが大半だった。しかし、今は違う。さまざまな食品が、常温で長期保存できるようになったのである。その一つにパンがある。ある知人が、「ヤマザキパンを１年間常温で置いておいたが、カビが生えない」といって、そのパンを持参したことがある。「天然酵母のパンは１週間もしないのにカビが生えたのに」とヤマザキパンの異常さを指摘していた。山崎製パンに問い合わせると「包装を工夫している」という回答だった。

では、包装に用いるのにどのような技術があるか調べていると、面白い本に出会ったのである。米国のライターのアナスタシア・マークス・デ・サルセドさんが書いた『戦争がつくった現代の食卓――軍と加工食品の知られざる関係』という本である。戦争での食事は、直接士気にかかわるだけに大変重要な意味をもつ。しかも戦場は多種多様で多くが過酷な環境にある。そこに大量に補給するために、変質や腐敗を防ぎ長距離輸送・長期保存に耐える食品を開発しなければならない。本書では多数の事例が取り上げられている。

その戦争がきっかけで開発された技術のひとつにガス置換包装があるということが分かった。ポリエチレン製の完全密封した袋の中で酸素と二酸化炭素濃度を調節して成熟や腐敗を防ぐ技術のようだ。現在、カット野菜などにも用いられているそうだ。カット野菜には加えて、高圧加工、非加熱殺菌技術が応用されているそうだ。これも軍事技術から誕生したのである。山崎製パンがいう「包装を工夫している」というのは、このガス置換包装を指すようである。しかし、次に疑問が出てきたのが、包装技術だけで１年間もカビが生えないのか、ということである。

軍と加工食品

それにしても軍事技術は社会を大きく変えてきた。第二次世界大戦後、原爆は原発に、毒ガス兵器は農薬に、レーダーは電子レンジなどの形で民生技術に用いられてきた。近年でもインターネット、GPSなどが民生に転用され、社会を変えている。食も例外ではない。著者は、加工食品の世界を宇宙にたとえるなら、第二次世界大戦はビッグバンに相当すると述べ、戦後の加工食品の多くが戦争が起点になったと指摘している。

本書では次々と事例が取り上げられていく。本格的な近代戦が始まり、大量の食料を長期間維持する必要性が認識されたのはナポレオンの時代だそうだ。この時にアペールによって殺菌して密封する缶詰の原理が考案され、その後同氏により世界初の缶詰工場が設立されたそうだ。第二次大戦がきっかけで開発されたものにファーストフード店やファミリーレストランでよく使われているくず肉を結着剤で固める合成肉がある。その他にも、ハーシーチョコレート、ドライイースト、粉ミルクなどがある。インスタント食品の源流をたどっていくと、軍とのかかわりがあるようだ。

食品の加工や包装技術も開発されてきた。その代表にサランが開発したラップがあり、やがてサランラップという商品名になって販売されていくということになる。そしてレトルト食品も軍が編み出した包装技術である。放射線照射も、軍が編み出した食品を長持ちさせる方法だが、評判が悪くあまり開発が進まなかった。日本でもジャガイモの芽止めに長い間使われてきたが、2023年に遂に中止となった。それでも世界的にはスパイスへの応用が行われている。また、米国の軍隊の食事を開発している研究機関が、現在最も力を注いでいるのが、サプリメントの開発だそうだ。戦争と食との関係は、意外に密接のようだ。

3
ゲノム編集食品

日本だけで販売が広がっているゲノム編集食品

2021年、新型コロナ感染症の影響が続く中、世界に先駆けて日本でゲノム編集食品の市場化が相次いだ。筑波大学の江面浩教授が立ち上げたベンチャー企業のサナテックシード社が高GABAトマトを開発し、その販売が同年9月から始まった。健康に良いとされるGABAを多く含んだトマトで、健康食品としての販売を目指したものである。

それに続いたのが魚で、京都大学の木下政人准教授と近畿大学の家戸敬太

韓国にて

郎教授が立ち上げたベンチャー企業リージョナルフィッシュ社が開発した、太ったマダイと成長を早めたトラフグの販売が、やはり同年12月から始まった。この魚は、同社の養殖場がある京都府宮津市で養殖され販売され始めた。

さらには2023年3月には、多国籍企業のコルテバ・アグリサイエンス社が開発した、もちのように粘り気を増したトウモロコシが、2023年10月には、リージョナルフィッシュ社が開発した成長を早めたヒラメが流通可能となり、日本の市場に登場可能なゲノム編集食品は5種類となった。

日本以外の国や地域を見た場合、米国でカリクスト社が開発した高オレイン酸大豆が栽培されていた。これも健康に良いというのが売り物だったが、米国市民がゲノム編集食品を拒否しているため売れず、会社も倒産寸前に追い込まれ、すでに種苗販売をストップしている。2023年に入り流通が可能となったゲノム編集食品に豚肉とカラシナがあるが、広がってはいない。ヨーロッパでは遺伝子組み換えと同じ規制を求めているため、まだ流通する可能性は低い。このように世界的にみても、日本中心にゲノム編集食品が販売され、日本の消費者が最も食べているえ現実がある。

ゲノム編集とは？

ゲノム編集は、標的とする遺伝子を壊す技術である。働きを壊したい遺伝子のDNAを切断して、その働きを壊す。遺伝子組み換え技術が、他の生物の遺伝子を追加するプラスの遺伝子操作に対して、特定の遺伝子を壊すマイナスの遺伝子操作である。

そのためには、DNAを切断する「ハサミ」と、そのハサミを正確に切断場所まで運ぶ「運び屋」が必要である。その運び屋が「ガイドRNA」で、DNAを切断するハサミの役割を果たしているのが「制限酵素」で、それを組み合わせた技術である。このガイドRNAと制限酵素、それにゲノム編集がうまくいったかどうかを見るマーカー遺伝子等をセットにして植物の細胞に入れる。そのセットを「DNA切断カセット」という。

このカセットとして、第三世代のCRISPR/Cas 9（クリスパー・キャス・ナイン）法が登場して容易な技術になり、一挙に応用が拡大した。なぜ遺伝子を壊す

国会議員会館内にて

ことが、品種の改良につながるのか。これまでも放射線を当てて遺伝子を壊し、品種の改良をしてきた経緯がある。放射線の場合、どこの遺伝子を壊すかは偶然に左右されるため、何千、何万もの細胞に照射を行い、やっと収量増などの性格を持つ品種を見つけ出してきた。しかしゲノム編集の場合、標的として遺伝子を壊すことができることから、品種の改良が計算できることになる。

なぜ遺伝子を壊すことが品種の改良につながるのだろうか。生命体は、バランスや調節で成り立っている。ホルモンの分泌が多すぎるとそれを抑えようとするし、臓器や組織は大きくなり過ぎると病気や障害の原因になるため、それを抑制して適度な大きさにしている。その生命体が持つバランスや仕組みをあえて壊すのである。例えば、一方で成長を促進する遺伝子があれば、他方で抑制する遺伝子がある。その抑制する遺伝子を壊すと大きな作物ができる。いってみれば、人間の都合に合わせて、あえて障害や病気を引き起こすのである。遺伝子の働きは、どれ一つとっても大切なものである。人間の都合で改造することで、その生命体にとって大事な機能を奪うのである。しかも遺伝子であるので、次世代以降に影響が受け継がれるケースが多くなる。

また、DNAを切断して遺伝子を壊すが、目的とする遺伝子以外のDNAを切断してしまうことが起きる。それを「オフターゲット」という。膨大な数のDNAの塩基数の中で、たった一か所を切断するため、一つの細胞に数百万から数千万個の「DNA切断カセット」を導入する。そのため類似した個所を切断することを免れることはできない。それにより生命体にとって大事な遺伝子の働きが失われてしまう可能性がある。

遺伝子は大変複雑なシステムで成り立っている。遺伝子同士が連絡を取り合うなど、複雑な働きがあることが分かってきた。その複雑な遺伝子全体のシステムをかき乱してしまう。その結果、生命体に大きな影響が出てしまう可能性がある。それはその生命体だけでなく、生態系や食の安全にも直接影響する問題なのである。

さらにDNAを切断した際の切り方にも問題がある。DNAは二本鎖であり、それをぶつ切りにするのだが、これは自然界ではほとんど起きない現象である。それを自然修復に任せているため、切断個所を修復する際に、DNAを大幅に削り取って、のりしろを作り修復する必要がある。ときには修復できないケースもあり、操作された生物が生き延びられないこともある。また、のりしろを作る際に、時には数千、数万といった大規模な塩基配列を切除したり、入れ換えを起こしたりして、大規模な染色体破砕をもたらすこともある。

当初は、ゲノム編集は正確に特定の遺伝子を壊す、と言われていた。しかし、予想以上に粗っぽい技術であり、以上に挙げたような現象が起きると、適用された生命体に大きな負担を強いるとともに、食品となった際に、毒性をもたらしたり、アレルゲンをもたらしたり、食品として成り立たないものだったり、安全性に影響することになる。

高GABAトマト

日本は、ゲノム編集食品の最先進国である。日本で流通しているゲノム編集食品は３種類で、高 GABA トマト、肉厚マダイ、成長の早いトラフグであることはすでに述べた。その他にも、米国で「もちトウモロコシ」の栽培が進む可能性があり、もし収穫されればそれも日本にも入ってくることになる。また、ヒラメの養殖も進む可能性がある。

日本で最初に市場化された高 GABA トマトは、2021 年９月からトマトの販売が始まり、10 月から苗の販売が始まり、翌年にはトマトピューレの販売も始まった。開発したのは筑波大学の江面浩教授で、同教授が立ち上げたサナテックシード社との共同開発の形式をとっている。そのサナテックシード社に資金を出した実質的な親会社がパイオニアエコサイエンス社である。そのパイオニアエコサイエンス社が、事実上、栽培を取り仕切り、販売している。

熊本県の契約農家が３か所、30 アールで栽培を行っているが、値段が高いこともあり、あまり売れていないようだ。そのためサナテックシード社とパイオニアエコサイエンス社は、価格引き下げとともに、小学校やデイケア施設など福祉施設に苗を無償で配布する計画を打ち出した。また、当初はミニトマトだけを栽培していたが、その後、中玉トマトの栽培も始めている。

高 GABA トマトは、健康に良いといわれているアミノ酪酸の GABA の含有量を多くしたトマトである。サナテックシード社は 2022 年には、機能性表示食品として売り出し始めた。ところが、その GABA が健康に良いということは立証されていないのである。また高 GABA の食品を食べ続けた時の有害な影響もあり得る。とくに幼い子や高齢者、障害者などが摂取した場合の健康への影響が懸念される。加えて、ゲノム編集技術を用いて遺伝子を改造したことがもたらす安全性への脅威が加わる。

この小学校やデイケア施設などへの無償配布に対して日本各地で反対運動が起き、地域の住民が地元の自治体に対して、「この苗を受け取らないように」と要請する活動が草の根で広がった。

肉厚マダイと成長の早いトラフグ

ゲノム編魚では、肉厚マダイと成長の早いトラフグが生産され、流通を始めている。これらの魚は、京都大学の木下政人准教授と近畿大学の家戸敬太郎教授が開発し、2人が共同で設立したベンチャー企業のリージョナルフィッシュ社が 2021 年 12 月 6 日に販売を開始した。さらに直後の 12 月 10 日には、京都府宮津市がこの中のトラフグを「ふるさと納税」の返礼品に採用した。

肉厚マダイは筋肉の成長を抑制する遺伝子を壊し、肉厚にしたものである。トラフグは食欲を抑制する遺伝子を壊し、食べ続けるようにして成長を早めたものである。いずれも生物にとって大事な遺伝子を壊し、意図的に病気や障害を引き起こしたもので、欧州では「拷問魚」と呼ばれている。そのため食品としての安全性に懸念が強まる。例えばマダイでは、「発がん性がある成長ホルモンが作られつづけるため、それを食べた男性では前立腺がん、女性では乳がんを発生させる可能性がある」と分子生物学者の河田昌東さんは指摘している。

トラフグについて宮津市がふるさと納税の返礼品に採用したことに対して、これに反対する市民が「麦のね宙（そら）ふねっとワーク」を立ち上げ、ふるさと納税の返礼品の取り下げと、海上養殖の中止を求めて署名運動を開始し、取り組みが全国に広がった。

そのリージョナルフィッシュ社が、新たな動きを見せている。同社は 2022 年 9 月 5 日に、シリーズ B ラウンドという、第二回目の資金調達で 20.4 億円を調達したと発表した。同社は、この資金を用いて現在の生産量の約 20 倍も生産できる、1 万㎡を超える巨大プラントの国内建設と、水産大国のインドネシアでの事業展開などに取り組むと発表した。それに合わせたゲノム編集での品種の改良やスマート養殖にも取り組む姿勢を示した。資金を出した企業には、養殖システムを共同で開発している奥村組、岩谷産業や、共同でゲノム編集すしネタ開発を進めているスシローなどを参加に持つフード・アンド・ライフカンパニーズなどがいる。

同社による巨大プラントづくりや海外での事業展開は、同社が現在進めている陸上養殖の中のバイオフロック養殖システムの構築とゲノム編集による品種の改良が柱となりそうである。バイオフロック養殖システムとは、水の入れ替えを行わず、微生物の塊をうかせておいて、浄化させる方式で、この方式を採用すると日本中どこでも、例えば山の中でも魚が養殖できるのである。現在、バイオフロック養殖システムで養殖可能な魚が、ティラピアとバナメイエビであり、この2種類の魚で、インドネシアでの養殖に向けて動き出すとみられる。

さらにリージョナルフィッシュ社は、NTTとの合弁で新会社NTTグリーン＆フード社を立ち上げた。当面、九州エリアで高温耐性のヒラメの養殖を進め、10年後には20拠点で養殖を行うと発表した。このヒラメの開発では、ゲノム編集ではなく、エピゲノム編集技術を用いるとしている。

4番目のゲノム編集食品・もちトウモロコシ

そして新たに登場することになったのが、コルテバ・アグリサイエンス社が開発した、トウモロコシである。2023年3月20日にこのトウモロコシの厚労省への届け出が行われ、流通が可能になった。どのようなトウモロコシかというと、ワキシー遺伝子を破壊したことで、おもちのように粘りを増したものである。トウモロコシには、もともとワキシーコーンと呼ばれる、交配で作り出した粘りのある品種があるが、ゲノム編集トウモロコシは、遺伝子を壊しワキシーコーンのようにもち状態にしたものである。

でん粉は、アミロースとアミロペクチンから成り立っており、アミロースが多いとパサつき、少ないと粘り気が出る。トウモロコシのでん粉の場合、通常の品種ではアミロースが25％程度、アミロペクチンが75％程度占めている。今回のゲノム編集トウモロコシは、ワキシー遺伝子を破壊しアミロースを０％にして、従来のワキシーコーンと同じにしたものである。

粘り気が強いため、直接、食用として用いられることが考えられる。すでに従来のワキシーコーンを用いて「もちトウモロコシ」が栽培・販売されており、その代替として登場する可能性がある。しかし多くは、でん粉そのもの（コーンスターチ）として、さまざまな食品や工業製品に使われるものと考えられる。とくに多そうなのが、プリンのようなもちもち感がおいしさにつながる食品である。

通常、コーンスターチから作られる食材として最も多く、その約３分の２

コラム

アニマルウェルフェアとは？

アニマルウェルフェアは、日本では動物福祉と訳されることが多い。これでは本来の意味は正確に伝わり難く、直訳すると第一義的には「動物の幸福、健康、快適」などを意味する。その意味の通り、動物に健康で快適な過ごし方ができる環境を整えることを意味する。家畜動物でひどい飼育の仕方が広がったことから、提唱されるようになったといえる。健全な飼育が健全な食品を提供することになるため、食の安全に関しても大事な概念である。アニマルウェルフェアは、国際的には次のような「動物における５つの自由」を求めている。

１、飢えや渇きからの自由。健康維持のために適切な食事と水の供給を求めている。２、痛み、負傷、病気からの自由。けがや病気にならないように気を遣うと同時に、病気やけがになった際には十分な医療を行うことを求めている。３、恐怖や抑圧からの自由。ストレスや恐怖などを与えず、肉体的にも精神的にも抑圧や負担をもたらさないことを求めている。４、不快からの自由。温度、湿度、照明などで快適な環境になることを求めている。５、自然な行動を行える自由。それぞれの動物に見合った自然な行動がとれるよう求めている。以上である。

この原則に基づいて、家畜に不自由を与えないことが求めているため、採卵鶏で見ると、日本ではいまだにバタリーケージと呼ばれる密飼で劣悪な環境での飼育が多いが、このようなことはできなくなる。またお互いに傷つけあったりするような飼育の方法も認められなくなる。死の恐怖に関しても和らげることが求めている。この考えに基づき、世界の趨勢は、「脱ケージ」に向かっている。

アニマルウェルフェアに基づく牛や豚、鶏などの飼育に関する国際基準も作られてきている。しかし、日本政府はこの基準の緩和を図り、世界の趨勢に竿をさすことばかり進めている。アニマルウェルフェアは、健全な飼育が食の安全をもたらすという観点から、大事なテーマであるにもかかわらず。

を占めているのが異性化糖などの糖化製品である。よく清涼飲料などに「ぶどう糖果糖液糖」などと表示されているものである。清涼飲料以外にも、菓子、調味料、酒類などさまざまな食品に用いられている。ここにも使われる可能性があるが、メリットがないため、少ないとみられる。コーンスターチは工業製品として、おしろいなどの化粧品の基礎成分や、紙を加工する際の糊などに広く用いられており、それらに用いられる可能性も大きい。

これまでゲノム編集食品が消費者に受け入れられるかどうか様子を見ていた多国籍企業が、いよいよゲノム編集作物の種子の販売に乗り出してきたといえる。またコルテバ社はバイエル社と並び、ゲノム編集関連特許の多くを押さえており、現在、この特許権の扱いを一手に引き受ける窓口にもなっている。すでに市販されている日本のゲノム編集トマトも、パイオニアエコサイエンス社とコルテバ社の強いつながりの中で、特許権の壁をクリアしている。このトウモロコシを先陣に、いよいよゲノム編集作物の本命企業が乗り出してきたといえる。

ゲノム編集食品は安全とはとても言えない

ゲノム編集食品は、環境影響評価も、食品安全審査も、食品表示も必要ない。届け出が受理されれば市場化できる。開発や市場化を優先して、環境への影響や食の安全を軽視、というよりも無視しているとしか思えないのである。

まずゲノム編集生物が環境中に拡散して、生物多様性に被害を及ぼすことが強く懸念される。作物の場合は、花粉が風に乗って運ばれたり、ハチなどに付着して運ばれたりして、はるか離れた場所へ移動し、交雑を起こす可能性がある。動物の場合、いったん野外に放たれると、勝手に移動するため、影響は深刻である。日本では魚の開発が活発だが、養殖場から逃げ出すことが懸念される。現在に至るまでゲノム編集生物が環境に及ぼす影響に関して、きちんと評価した研究はない。

ゲノム編集技術を用いて、外来魚の絶滅を狙った開発も進められている。三重県玉城町にある国立研究開発法人「水産研究・教育機構・増養殖研究所」が進めている計画では、雄の生殖機能にかかわる遺伝子を壊し放流し、雌と交雑して生まれた子どもの雌が卵を作ることができなくさせようというものである。これを繰り返すと、卵を作ることができる雌がいなくなるため、外来魚が駆除できるというのである。しかし、この遺伝子の拡散が、どのような影響をもたらすかは予想がつかない。生物多様性に甚大な影響が出る可能性がある。

食品の安全性に関してはどうだろうか。食品の安全性を評価しなくてよいとしたため、危険な食品が出まわる可能性が強まった。

これまで見てきたように、ゲノム編集では、オフターゲットという標的以外のＤＮＡの切断が起き、遺伝子を破壊する可能性がきわめて大きい。生命体全体にひずみを生じさせるため、有益な栄養が失われたり、有害なたんぱく質やアレルゲンが作られる可能性がある。さらには、遺伝子組み換えと同様に抗生物質耐性遺伝子など多種類の遺伝子を大量に用いてゲノム編集を行うため、それらの遺伝子が残り、想定外の毒性やアレルゲンをもたらす可能性もある。

また、バイエル社など農薬メーカーが、遺伝子組み換え技術で開発してきた「除草剤耐性作物」を、規制のないゲノム編集技術での開発に切り換える動きも強まっている。従来の遺伝子組み換え作物で問題になってきた残留農薬による健康障害の問題がゲノム編集作物でも出てくる危険性がある。

すでに遺伝子組み換え食品で見たように、米国環境医学会が遺伝子組み換え食品の安全性について、2009年5月19日に「意見書」という形で声明を発表し、遺伝子組み換え食品の即時のモラトリアム（一時停止）を求めた。遺伝子組み換え食品は、1996年に流通が始まった際には食の安全に関する動物実験が行われていなかった。2000年に入ってから徐々に動物実験が行われるようになり、2009年の声明発表につながった。そして、遺伝子組み換え食品のモラトリアム、即時の長期安全試験の実施、食品の全面表示の実行を求めたのである。ゲノム編集食品については現在のところ、安全性を評価する動物実験が行われていない。実験の数が増え評価が進むことで、ゲノム編集食品でも、この環境医学会の評価と類似した問題が起きることが考えられる。消費者がさんざん食べた後で有害だということが分ったら、いったい誰がどう責任を負うのか。消費者はモルモットにされていると言っても過言ではない。

4
フードテック

フードテックとは何か？

フードテックが注目されている。直訳すると、食の技術ということになるが、本来の意味はむしろ食のハイテク化といった方がふさわしい。いま登場しているのは、代替肉、昆虫食、培養肉の３種類である。直接のきっかけは国連食糧農業機関（FAO）が2013年に発表した報告書「昆虫食と食料安全保障に関する報告書」である。この報告書はオランダのワーゲニンゲン大学が中心になってまとめたもので、昆虫食が環境問題と食料問題の両方を解決するという内容である。この報告書自体は昆虫食の推進を提言したものだが、この報告書がきっかけになり、代替肉や培養肉もまた開発に弾みがついた。

日本でもフードテック官民協議会が、「フードテック推進ビジョン」と「ロードマップ」をとめ、2023年２月21日に正式な計画となった。本格的にフードテック推進に向けて、官民が共同で動きだした。この協議会は、農水省がフードテックを推進する企業を集め、そこが中心になって作成したものである。

同計画では、民間企業が中心になって研究や開発を進め、これに業界団体や研究機関が支援する形となっている。政府では農水省が軸になり、経産省、厚労省、消費者庁が絡んで推進の支援、表示や規制をどうするかを決めていく計画である。政府は「食料安全保障」の中心にこのフードテックを位置づけており、農水省は「みどりの食料システム戦略」の中でフードテック推進を掲げており、積極的に企業を支援している。

１、代替肉

代替肉とは何か？

フードテックは、代替肉、昆虫食、培養肉の３種類が取り上げられているが、その中から、まずは代替肉から見ていく。代替肉とは牛や豚、鶏などの動物の肉の代わりに、植物を用いようというものである。代替たんぱく質という言い方をする場合もある。日本では肉食が禁じられている禅寺などの精進料理で、大豆から食肉に近い食品を作る技術があり、長い歴史があるが、肉食を基本にする欧米ではほとんど取り組まれてこなかった分野の食品である。

では、従来取り組まれてきた精進料理などとはどのような違いがあるのだろうか。すでに市場化が進んでいるが、現在、最も多く製造・販売されているのは大豆ミート食品で、この食品は、肉に似せた工業製品である。これにとどまらず、今後、さまざまな種類の加工食品が開発・販売されていくことになりそうである。

日本でこれまでに比較的多く登場している代替肉は、大豆ハンバーガーなど大豆由来の食品が圧倒的に多い。典型的な代替肉である、大塚食品の「ゼロミート・ソーセージタイプ」を一例として見てみると、食材、添加物は以下の通りである。

「分離大豆たんぱく（国内製造、アメリカ製造）、マーガリン、植物油脂、粒状大豆たんぱく、砂糖、酵母エキス、ぶどう糖、香辛料、食塩／加工デンプン、トレハロース、調味料（アミノ酸）、pH 調整剤、グリシン、香料、香辛料抽出物、クチナシ色素、トマト色素（一部に大豆を含む）」

食肉の代わりに大豆を用い、それを肉らしく見せかけるために、さまざまな食材や添加物が使われている。いかに肉らしくするかが、ポイントといえる。この食品に用いる大豆たんぱくに「国内製造」という表示があるが、これは輸入大豆を国内で加工したと思われる。「アメリカ製造」も並んでいるが、これもほとんどの場合アメリカ産大豆をアメリカで加工したことを意味する。これにより輸入大豆が多く使用されていることが分かる。ほかの代替肉を見てみても、そのほとんどで輸入大豆を使用している。加工食品で大量に製造できるほど大豆の自給率が高くないからである。

この原料の大豆だが、「遺伝子組み換え大豆使用」と表示されていないので、遺伝子組み換えでない大豆が使われていることが分かる。しかし、そのような大豆であっても、５％まで混入が認められているので、遺伝子組み換え大豆が混入しているのは確実である。日本国内では遺伝子組み換え大豆が栽培されていないため、国産であれば混入はほとんどないからだ。

使われている添加物は、従来の加工食品によく用いられているものが使われているが、調味料やグリシン、香料によって人工的な味にしている点と、加工デンプンを用いることで人工的な粘り気をもたらしている点に特徴がある。肉もどきを作るために、人工的な味と口当たりを作り出しているのである。

現在は大豆が主役だが、大豆以外の原料を使い、食肉以外の食品も開発が進められている。例えばドクターフーズ社は植物由来のフォアグラを開発しており、カシューナッツを麹で発酵して作ったという。またネスレは、アーモンドやオーツを用いた、アーモンドラテやオーツラテを製造・販売している。これから植物を用いた代替食品がさらに広がっていきそうである。

海外の植物ミート食品

海外に目をやると、EUは2020年5月に「Farm to Fork（農場から食卓まで）」を打ち出し、代替肉などの代替たんぱく質推進を掲げ、中国政府も植物性肉への投資奨励を掲げ、米国では民間企業が先行して、すでに大規模に動き始めている。WHO（世界保健機関）もまた2021年5月に代替たんぱく質推進に向けてワークショップを開催している。食肉では家畜の肉だけでなく、魚の代替肉も登場する可能性があり、食品の分野も拡大していくことになる。

米国では民間企業の取り組みが活発である。中でも米国のビヨンドミートとインポッシブル・フーズが先導しており、ビヨンドミート社が製造・販売している製品が「ビヨンドミート」で、牛肉などの肉の成分について分子レベルで構成要素を解析し、その構成要素ごとに植物由来の素材に置き換えて開発したものだという。

インポッシブル・フーズの「インポッシブル・バーガー」はすでに、米国・香港で多数のレストランで提供されている。同社は2011年に米国スタンフォード大学の研究者によって設立された会社で、ビル・ゲイツ財団が助成してきた。その特徴は、意図的に遺伝子組み換え大豆を用い、肉らしさを加えるために大豆が作り出す血液に似た成分であるレグヘモグロビンを注入している点である。これが同社のバーガーの特徴であり、有力な特許になっ

デパートでのフードテックの販売コーナー

ているが、同時に安全性で問題になっているところでもある。

この代替たんぱく質の分野は将来性がある、と多くの企業がみているようである。大企業による市場参入が相次いでいる。とくに多いのが、食肉産業とファーストフード店である。大手食肉企業のタイソンフーズは、2019年6月に植物由来のブランド「Raised & Rooted」という代替肉を立ち上げている。同じく大手食肉企業のスミスフィールド・フーズも、2019年8月に乳ゼロのチーズ、植物性のバーガーパテなどの販売を開始した。

ファーストフードでは、主力商品のハンバーガーに牛肉代替の商品を開発するケースが相次いでいる。バーガーキングは、2019年8月からインポッシブル・フーズの製品の販売を全米で開始した。スターバックスは、2020年1月に植物由来の朝食メニューを発表した。ケンタッキー・フライドチキンは、2020年4月に中国で、カーギルと組んで植物性フライドチキンの販売を開始し、全米では2022年1月から、ビヨンドミートの植物性ナゲットの販売を開始した。そしてマクドナルドも、2021 年 11 月から代替肉ハンバーガーを全米で販売開始した。
日本でも 2020 年 4 月に民間企業によるフードテック研究会が設立され、政府も動き、2021 年 8 月 20 日には消費者庁が代替肉などの表示ルールを発表、農水省も 2022 年 2 月 2 4 日に大豆ミート食品類の JAS 規格を作成した。多くの食品企業が動きだしており、すでに丸大食品、伊藤ハム、エスビー食品、大塚食品、不二製油グループなど大手食品企業が相次いで製造・販売を開始している。

代替肉の本命は微生物たんぱく質

代替肉の本命として開発が進められているのが、微生物たんぱく質（SCP）である。これは微生物を培養して、その微生物が作り出すたんぱく質を食品に利用するものである。すでにいくつかの SCP が開発され、一部は市場化されている。その代表が空気たんぱく質である。
この空気たんぱく質は、1960 年代に提案され、1972 年 12 月に食品衛生調査会が、動物用飼料として認めた「石油たんぱく質」に似ている。石油たんぱく質はもともと、1950 年代に巨大石油資本である英国の BP(ブリティシュ・ペトロリアム) 社が開発を始めたもので、石油の残渣のノルマルパラフィンをエサに用い、発酵技術で微生物を増殖させ、その微生物からたんぱく質を取り出し、家畜などの飼料に用い、その食肉を人間が食べるというものだった。当時はまだ、石油が大量に消費されている時代だった。しかし、世界中の消費者から「石油を食わせるのか」と強い反発を受けて、あえなく挫折した経緯がある。今回は、それが形を変えて復活したといえる。
この微生物たんぱく質を最初に商品化したのが、フィンランドのソーラーフーズ社で、その製品を空気たんぱく質（エアー・プロテイン）と名付けた。なぜ空気という名前が付けられているというと、空気を構成する二酸化炭素、酸素、水素からギ酸塩を作るからだ。これを微生物の栄養とし、発酵技術などを用いて微生物を増殖させる。その増殖した微生物からたんぱく質を取り出し食品にする。同社は、この「ソレイン」と名付けた空気たんぱく質でアイスクリームを開発し、シンガポールで 2023 年 6 月 15 日から販売を開始した。いま世界中で、ベンチャー企業が微生物たんぱく質の開発を進めており、これから商品化が相次ぐと思われる。

2、昆虫食

昆虫食とは何か？

昆虫食は、文字通り昆虫を食品にすることだが、現在は主に昆虫を乾燥させ粉末状にして、クッキーやパン、麺などに練りこんで食品化している。取り組んでいる企業も増え、昆虫の種類、用いられる食品の種類も増え、一種のブームに近い状態になっている。フードテックの直接のきっかけはFAOが発表した報告書「昆虫食と食料安全保障に関する報告書」であることからも分かるように、もともとは昆虫食がフードテックを牽引してきた。昆虫は、地球上に生息する生物の中で最も多様性に富んだ生物で、約100万種が確認されており、実際には3000万から5000万種ほど存在していると見られている。私たちが知らないうちに滅びてしまう種も多いと考えられている。

昆虫は生態系で重要な働きをしており、古くから人間の食事に登場してきた種も結構多く、2111種類の食べられる種があると、オランダ・ワーゲニンゲン大学イデ・ヨンゲマ教授は指摘している（ジーナ・ルイーズ・ハンター著「昆虫食の歴史」原書房）。

古代エジプトなどで、昆虫は一般的に食べられており、よく食べられてきた昆虫に、バッタやイナゴがある。しかし中世以降、ヨーロッパなど多くの地域で昆虫は「劣った食品」というイメージが作られ食べられなくなっていく。それでも一部の地域では、伝統的な食文化として生き残ってきた。

日本でも、昆虫食は昔から地域の食文化として根づいてきた。その代表がイナゴの佃煮やハチノコの甘露煮である。たんぱく源が乏しい地域で、その補給の意味を込めて、受け継がれてきた。このように昆虫食はけっして新しいものではないし、特定の地域にとってはとても重要なものだった。世界的には、タイや中国のように多くの昆虫が食材として用いられている国もあり、多くの場合、日本同様、地域の食文化として生き残っているケースが多いのである。

昆虫色のレストラン（東京・御徒町）

いま世界的に実用化が進められている昆虫食は、地域の食文化として取り組まれてきた従来の昆虫食とは異質なものである。脱炭素化をにらみ牛や豚などの食肉の代替として、また将来の食料不足に対応するために、開発や量産体制の確立が進められているのである。

2020 年 5 月に良品計画が徳島のベンチャー企業のグリラスと組んで、コオロギせんべいの発売を開始した。原料のフタホシコオロギを乾燥・粉末にして製品に練りこんだものである。食用の昆虫としては、やはりコオロギが多く、ミールワーム、サゴワームなどさまざまな昆虫が用いられるようになった。このように現在の昆虫食は、地域の食文化であったこれまでの昆虫食とは一線を画したものであり、食料安全保障を目的に、企業による大量生産・大量消費を前提にしているのである。ゲノム編集による改造も活発化しており、これから遺伝子を操作した昆虫食が主流になることが考えられる。

昆虫食の何が問題か？

現在、世界で最も食されている代表的な昆虫に、コオロギ（成虫）、ミツバチ（幼虫とさなぎ）、カイコ（さなぎ）、モパネワーム（ヤママユガの幼虫）、サゴワーム（ヤシオオオサゾウムシの幼虫）、ミールワーム（チャイロコメノゴミムシダマシの幼虫）、シロアリがある。

世界的に意外に広く食されている昆虫にシロアリがある。私たちにとっては、木材を食い荒らし、家に被害をもたらすことから、嫌われものであるが、アジア、アフリカ、ラテンアメリカなどで広く食べられており、巨大なシロアリ塚をもたらすなどコロニーを作って生活する昆虫であり、そのコロニーをそのまま採取して食べている地域もある。

タイは、世界的にみて最も昆虫を食している国だといえる。さまざまな種類の昆虫を食べており、昆虫の養殖工場も各地にある。その中で、いま最も注目され生産に取り組んでいる昆虫がサゴワームである。アフリカでも地域の食文化としてさまざまな昆虫が食されているが、ジンバブエやボツワナなどの国々で食されているのが、モパネワームである。ＥＵが最初に認めた昆虫食がミールワームだが、この昆虫はこれまでは小型動物のえさとして飼育されてきており、日本でも小鳥や魚のえさとして用いられてきた。

日本でも多くの企業が昆虫食への取り組みを開始している。その先頭にいる企業が、徳島大学発のベンチャー企業グリラスで、コオロギの製造・販売を行っている。日本企業は、やはり昆虫としてはコオロギが中心で、すでに生産を行っている企業としては他に、エコロギー社（東京）、オッドフューチャー社（東京）、TAKEO 社（東京）、エリー社（東京）、バグモ（京都）などがあり、続々と参入してきている。今のところ日本では、ベンチャー企業が開発し、大手食品メーカーと提携して販売していくという方法がとられていきそうである。

昆虫食は、まだ経験が浅い食品である。食の安全はもともと、人間が食べることで確認されてきた。そのため食べたことがなかったり、経験が浅い食品に関しては、安全性を十分に評価する必要がある。しかし、日本では安全性評価が不要になっている。また昆虫は高たんぱくだということが、昆虫食を推進する大義になっている。確かに高たんぱくだが、ではなぜ、これまで食文化として定着してこなかったのか。その点を再点検する必要がある。とくに高たんぱくな食品は、アレルギーやアナフィラキシーの問題にもつながって行く。アナフィラキシーでは、死亡する危険性もあり、本来は慎重な評価が必要なはずである。

EU やカナダ、オーストラリア・ニュージーランドは、新規食品の事前評価制度があり、安全性の確認を求めている。しかし、日本や米国はその制度がないため、安全性評価を行うことなく市場化を認めている。このように食の安全を軽視する考え方は、ゲノム編集食品などでも見られ、日本政府の市民軽視、企業優先の考え方を反映したものといえる。

3、培養肉

フードテックの本命？

次に培養肉を見ていく。これがフードテックの本命である。培養肉とは工場で家畜や魚の細胞を培養して作り出す、ステーキやすしのネタ等である。動物や魚などの細胞を培養して生産する「人工肉」と言い換えることができる。別名「細胞農業」という名前がつけられている。将来は食肉だけでなく、その範囲を拡大し、加工食品、皮革にいたるまで、食全体はもちろん工業製品にまで範囲を拡大し、その開発や生産の主力になるように意図しているからだ。この分野の業界では、代替肉は「フェイクミート」、培養肉は「クリーンミート」と呼んでいるが、はたしてクリーンなのだろうか。

2023 年 6 月に米国政府が初めて培養肉の販売を承認した。この時承認されたのはアップサイド・フード・ミート社の鶏の培養肉である。

米国では、細胞培養肉の承認にあたって、まず FDA（食品医薬品局）が細胞株や細胞バンクの確立、製造管理、投入した原材料や添加物、製造工程等を評価する。続いて USDA/FSIS（農務省食品安全検査局）による検査を経て、始めて市場化が可能になる。そのため製造すればすぐに市場に出るわけではないが、この壁が初めてクリアされた。米国で市場化されたことで、世界中で細胞培養肉の市場化が進む可能性が強まった。

米国での市場化が可能になったことで、世界中で培養肉企業の動きが活発化してきた。現段階（2023年11月現在）、細胞培養肉の市場化が認められている国は、米国以外ではシンガポールだけである。この培養肉を最初に開発・製造したのはオランダの研究者である。先行して開発しているのは、イスラエルと米国の企業である。オランダ、イスラエル、シンガポールはいずれも、農地が狭く、食料安全保障を進める上で重要なものとして、この培養肉に取り組んでいる。現在先行している企業はいずれも、当面は米国とシンガポールでの販売を目指して動いているが、今後、日本を含めて各国で販売が認められていくことは必至である。

培養肉とは？

培養肉、あるいは細胞培養肉とは、動物や魚などの細胞を培養して生産する「人工肉」のことである。例えば牛の筋肉の細胞を培養して作る食品である。ごく小さな細胞を培養して、食品となる大きさまで増やす。しかし、筋肉の細胞だけでは食肉にならない。血管や血液、脂肪などの細胞を培養し、一体化する必要がある。それぞれを培養して組み合わせることになる。しかし、細胞を培養するためには、細胞分裂を活発に行う培養液は必須である。

また細胞は培養すると平面で広がっていき、立体にならない。そのためミンチになっても、ステーキにはならない。どのように立体構造を作っていくかが問題になる。3Dプリンターを活用するなど、さまざまな試みが行われている。加えて、実際の食品とするためには、見かけも味も栄養も問題となってくる。さまざまな壁が立ちふさがっている状態にあるといっていい。

現状では、培養液がとてつもなく高価格である。そのため「ハム1枚15万円」といわれるほど、高いものになってしまう。そこで開発が進められているのが、安価で細胞分裂を活発化させることができる培養液である。これまで培養に使用している動物の血清は、牛の胎児から採取されるため、安全性やアニマルウェルフェアで大変問題になってきた。もし食品に残留していると、細胞分裂を促進しがん化などのリスクが出てくる。そこで植物性などリスクのない培養液を開発する必要がある。東京大学大学院教授の竹内昌治は、食用血清と食用血漿ゲルを独自に開発し、食用の素材のみで培養肉を作成したことを報告しているが、このような培養液の開発が競争になっている。

とりあえずは、いかに培養の価格を低下させるか、いかに立体構造にするかが課題になっている。そこで登場してきたのが、その分野で取り組んできたベンチャー企業や研究者である。とくに多いのが、再生医療に取り組んでいるベンチャー企業や研究者である。再生医療とは、やけどを負うなど傷ついた皮膚に用いるために、皮膚の細胞を培養して移植するような医療である。現在はまだ皮膚移植が主だが、将来的には臓器、組織の代替物をつくり、移植することを目指している。細胞培養をお手のものとすることが、食の分野への進出をもたらしたといえる。現在、このフードテックの分野は、脱炭素化やアニマルウェルフェアなどをもたらすとして、投資ファンドが大量の資金を投入している。お金が集まりやすいことで、世界中でさまざまな分野のベンチャー企業が参入してきているのである。

かつてSF小説などの未来食として、このような食品が登場していた。企業の研究・開発は活発である。しかし、このようなものを「食肉」と呼べるのだろうか、安全性はどうなのか、表示はどうなるのだろうか。現在は、先行して企業の開発合戦が過熱化している状態である。

どのような企業が取り組んでいるのか？

いま世界的に食料安全保障が声高になっている。日本も例外ではない。そのため培養肉には多額の予算が付き、また資金も集めやすいということで、世界的に多くの企業が参入している。日本でも企業の取り組みは活発であり、最近でも、2025年大阪・関西万博に向けて培養肉でコンソーシアムが設立された。中心になって動いているのは大阪大学大学院で、万博に向けて培養肉の開発を進めてきたのだが。その開発を加速させるため島津製作所、伊藤ハム米久、凸版印刷、シグマシスと、2023年3月29日、培養肉の事業化に向けたコンソーシアムを設立した。

その他にも、JAXA（日本宇宙航空研究開発機構）が、培養肉を中心にした新たな「宇宙食」を宇宙で生産し消費する計画を立て、企業、大学、研究機関がそこに参加して開発に取り組んでいる。大手食品企業では日清食品が「培養ステーキ肉」の開発に取り組んでいる。同社は東京大学大学院と共同で、科学技術振興研究機構（JST）による「未来社会創造事業」の本格研究として開発を進め、2022年3月31日には、立体構造を持つステーキの試食会を行っている。まだ食品としては認められておらず実験の最中ということで、東京大学倫理委員会の承認を得て、第三者が食さないことを条件で試食会は行われた。

他にも丸大食品、日本ハム、伊藤ハムなど大手食品メーカーが、相次いでこの分野に参入することを発表しており、取り組みが活発化している。細胞農業研究会、日本細胞農業協会、培養食料研究会など、さまざまな団体も設立され、実用化を後押ししている。

培養肉は牛肉が中心だが、すしネタ開発に向けて動き始めた企業もある。すしのチェーン店のスシローや京樽、海鮮三崎港などを傘下に持つフード＆ライフカンパニーズで、同社はリージョナルフィッシュ社などとゲノム編集魚での共同開発に乗り出すと発表しているが、さらに細胞培養技術に取り組む米国のベンチャー企業のブルーナル社と提携し、本格的な細胞培養でのマグロなどのすしネタ開発に乗り出すことを発表した。ブルーナル社は2018年から細胞培養の分野に参入し、住友商事、三菱商事などとも提携しているベンチャー企業である。

変わったところでは、細胞培養フォアグラの試食会が2023年2月21日に行われた。開発したのはインテグリカルチャー社で、食味を評価する官能評価会を開催したもの。

シンガポールですでに市場化

海外の動きを見てみよう。世界で最初に販売が認められた国がシンガポールで、世界で最初に培養肉を製造し販売を開始したのが、米国のイート・ジャスト社である。同社は2021年12月に、シンガポールでチキンナゲットの販売を開始した。この会社はまた、カタールにも進出し、中東や北アフリカ、ヨーロッパ市場に供給する拠点を作ろうとしている。

この分野では、米国とイスラエルの企業の活動が目立つ。米国では、イート・ジャスト以外で、目立った動きを見せているのがアップサイド・フーズ社（以前のメンフィス・ミーツ社）で、多額の資金調達を行い、事業展開を進めている。米国で最初に販売を開始したアップサイド・フード・ミート社は、この会社の子会社である。米国では9社で構成するAMPSという業界団体が作られており、米国内で市場化が可能になったことから一斉に動きだす状況にある。

イスラエルでも、企業は活発に動き始めている。すでに工場を稼働させ始めた企業にレホヴォトに本拠を置くフューチャー・ミート・テクノロジーズ社がある。2021年6月に、世界で初めてとなる1日に500kgの培養肉を生産する能力を持つ工場を完成させた。同国ではその他に、アレフ・ファームズ社が大規模な工場を建設中である。しかし、イスラエルの企業は、同国内での販売よりも、米国市場を狙った動きを見せている。

まだほとんど動いていないのがEUである。EUは、以前から新規食品に対して慎重な姿勢をとっており、安全性評価を経て初めて承認されるため、市場化はかなり先になると見られている。それでも世界で最初に培養肉を作り出したモサミート社もあり、2021年12月に、13社によって欧州細胞農業団体を発足させ、欧州委員会への働きかけを始めている。これらの企業の中には、シンガポールなど規制の弱い国での事業展開を考えているところがあり、世界ではすでに激しい競争が始まっている。

そのような中、2023年3月28日、イタリア政府は培養肉などの細胞培養食品の製造と販売を禁止する法案を議会に提出した。違反した場合は罰金などが科せられる。農業者の団体はこの法案に支持を表明している。今後、世界各地で反対運動も広がる可能性がある。

これは食べものか？

培養肉の最大の問題は、これまで食経験がないまったく新しい食肉であり、このようなものをはたして食べものと呼べるのか、ということである。また食品として認められたとしても、安全性が問題になってくる。食の安全は、長い食経験が基本である。人々がずっと食べ続けて安全なものが安全なのである。その経験がない食品であるから、動物実験など十分な安全性の確認が必要になる。

培養肉ではとくに、その製造の際の培養に用いる培養液に問題がある。現在、一般的に用いられている牛の胎児の血清は、細胞分裂を促進する分、細胞のがん化などの危険性があり、とても食品に使用できるものではない。現在、代替の培養液の開発が進められているが、それらに関しても、同様の危険性がある。

また細胞には、体性幹細胞、iPS 細胞や ES 細胞などを用いるが、このような細胞を用いた際の問題も考えていかなければいけない。さらに食品として販売できるようにするため、さまざまな食材や食品添加物を用いなければ、とても食品として耐えられるものにはならない。さらに食品表示はどうするのか、ということも大きな課題である。いずれにしろ、これは食べものといえるのか、という根本的な問いかけに対する回答が求められる。

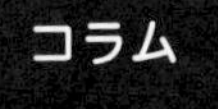

変わる食品表示、奪われる消費者の権利

輸入なのに国内製造と表示

食品表示は、消費者がその食品を知るために必要、かつ不可欠なものである。とくに重要なのが、どのような食材を用いているか、それはどこで生産されたものなのか。どのような食品添加物が使われているのか。遺伝子組み換えやゲノム編集で遺伝子を操作したものなのか。栄養はどうなのか。アレルギーを引き起こす食材は使われているのか、といったことがきちんと表示されていることである。

しかし、いまの食品表示は、それを十分に示すものとなっていない。とくに問題なのが、原料原産地表示、食品添加物表示、遺伝子組み換えやゲノム編集表示である。しかも、それ等の表示をさらに分かり難くする改悪が進められている。政府が業界団体や大企業に配慮して、消費者が分からないよう、選びにくいように変更を図っているからである。

この食品表示を変える流れは、消費者庁発足から始まった。2009 年に消費者庁が発足し、同省が食品表示を一元管理することになり、2015 年に食品表示法が施行された。その際、これまでの表示制度を見直すことになり、最も要望が多かった原料原産地表示、食品添加物表示、遺伝子組み換え食品表示の 3 つの食品表示の改正が俎上に載った。検討の結果、改善ではなく改悪が進められたのだ。

まず原料原産地表示から見ていく。この表示では、原産地を表示するのは、最も多く使われている原材料だけでいいとしたのである。コンビニ弁当を例に考えてみよう。このお弁当の食材は大半が輸入されたものである。しかし、最も使われている原料といえばおコメで、これだけは国産である。そうすると原料原産地表示は「お米（国産）」となり、それ以外の原料の原産地表示はない。これでは、お弁当自体が国産の原料で成り立っているように見えてしまう。

また大括り表示と呼ばれるおかしな表示もある。例えば複数の原産地のものを使用した場合、「国産または輸入」といった、訳の分からない表示も認められている。これでは表示の意味がない。さらに大きな問題は、「国内製造」表示である。輸入作物を使っても国内で加工すれば「国内製造」と表示できる。例えば小麦粉を作った食品は軒並み「国内製造」表示が付けられている。小麦を輸入し、国内で製粉化して、パンやうどん、素麺などに用いられているためで、国産と間違いやすく、むしろ選択が難しくなったといえる。

消える遺伝子組み換え不使用表示

遺伝子組み換え食品の表示では、消費者庁がとくに無くそうとしたのが「遺伝子組み換え不使用表示」である。食品に「遺伝子組み換え不使用」の文字があると「遺伝子組み換え食品が悪者に見える」という多国籍企業や大手食品企業の意向に配慮したものである。その結果、遺伝子組み換え食品については、2023年4月1日から、0％混入のもの以外は「遺伝子組み換えではない」「遺伝子組み換え大豆不使用」などの表示ができなくなった。輸入食材に依存している日本では、0％はほとんどあり得ないため、不使用表示が使えなくなってしまったのである。

消費者団体では、遺伝子組み換え原料が使われているかどうか検査している。豆腐の場合、輸入大豆を用いたケースでは、たとえ遺伝子組み換え大豆を使っていなくても、遺伝子組み換え大豆が検出される。それは米国での栽培、収穫、移送の過程で、遺伝子組み換え大豆の混入を防ぐことが困難だからである。国産であれば、本来、混入はあり得ない。日本では遺伝子組み換え大豆が栽培されていないからである。しかし、国産大豆100％と表示されている豆腐を検査しても、検出されてしまうことが多い。それは同じ製造工程で輸入大豆を用いた豆腐作りが行われていることが多く、その残渣が少しでもあると、検出されてしまうからである。国産大豆しか使っていない豆腐屋でしか、0％はあり得ない。もしわずかでも検出されると消費者庁の指導が入るため、メーカーは表示できなくなってしまったのである。

事実、スーパーなどで並ぶ食品から相次いで遺伝子組み換え表示が消えている。消費者から見ると食品購入の際の選択の権利が奪われつつあるといえる。代わりに増えてきたのが、「分別生産流通管理済み」というさっぱり分からない表示である。実は遺伝子組み換え不使用に代わって用いてもいい、とされる表示である。

消える食品添加物での無添加・不使用表示

食品添加物の表示も改悪された。食品添加物業界の提起で、「無添加」「不使用」表示が全面的に禁止されることになったのである。これによって利益を得るのは、食品添加物業界と、食品添加物をたくさんの種類用いて食品を製造している大手食品メーカーである。これまで食品添加物を使わず頑張ってきた中小の食品メーカーはかなりある。それらの企業がつくる食品と、大手食品メーカーが作る多種類の添加物を使う食品の区別がつき難くなってしまった。

さらにこの食品添加物表示の改悪では、人工、化学、合成という表示も使えなくなる。「人工甘味料不使用」「化学調味料不使用」「合成着色料不使用」も禁止された。確かに「不使用」表示では、消費者をだますような不適切なケースもよく見られた。以前「合成保存料、合成着色料不使用」と表示したお弁当を販売していたコンビニがあった。よく見ると、他の食品添加物がたくさん使われていた。このようなケースがあるため、規制に乗り出すことはけっして悪いことではないのだが、その規制が過剰になってしまい、食品添加物を使わず頑張っている食品メーカーの取り組みを無にしてしまったのである。

このように、いまの日本の食品表示制度は業界に配慮したもので、消費者の方を向いていない。食品表示は、もともと消費者の権利を守るためにある。消費者の権利は、1962年にケネディ米大統領によって提唱されたもので、同大統領は、消費者が「安全である権利、知らされる権利、選択できる権利、意見を反映させる権利」の４つの権利を提唱した。この権利はさらに、消費者教育を受ける権利、消費生活の基本が保証される権利、救済を求める権利、健康な環境を求める権利が加わり、1980年に国際消費者機構（CI）によって確立した。その消費者の権利の代表が食品表示である。いまその権利が、次々と奪われているのである。

第4部　地球に優しい生き方暮らし方

1
食べものを変える、農業を変える

有機食品に切り替える

有機食品を食べることの重要性を指摘する論文が相次いで発表されている。その一つは2017年に発表された論文で、米国医学会ジャーナル誌に発表された。農薬で汚染された食品と不妊の関係を調べたもので、調査を行ったのはハーバード大学の研究者である。それによると不妊治療の病院で325人の女性を調査したところ、農薬で汚染された食品を食べた女性が妊娠する割合は低く、有機食品を食べている女性は高かったというのである。

有機食品に切り換えることで発癌のリスクが25％軽減されるという報告も出た。調査したのはフランス・ソルボンヌ疫学研究センターのジュリア・ボドリーらの研究チームで、2018年10月に発表された。それはフランス人7万人を調査したもので、有機食品に切り替えることで癌全体が25％低減したが、特に減少したのが閉経後の乳がん、非ホジキンリンパ腫、その他のリンパ腫だった。

消費者の食べ物に関する意識も高まってきている。2つのアンケート調査を紹介したい。ひとつは欧州を代表する消費者団体のBEUC（欧州消費者機構）が2020年6月に発表した、消費者を対象に行った「持続可能な食品」についての調査結果である。それによると、持続可能な食品は大事、と答えた人が57％で、持続可能な食品のイメージとして最も多かったのは「環境への影響が少ない」（48.6％）だった。次いで「遺伝子組み換え食品（GMO）と農薬を使用していない」（42.6％）、「地産地消」（34.4％）だった。また環境への負荷が大きな肉を止めて、大豆などの植物由来の蛋白源に変えてもいいと答えた人は36.5％だったが、その植物がGMOだった場合受け入れる人は13.6％だった。また回答者の68.7％が、食肉を植物性のものに変えた際に、GMOを含む植物の代替品に変えることを望まない、と答えている。欧州の

コラム

拡大する有機給食に取り組む自治体

有機給食が日本で拡大している。2022年10月26日、東京·中野で「広がるオーガニック給食」と題したフォーラムが開催された。市民団体の取り組みで行われたフォーラムだが、急な呼びかけにもかかわらず1000人を超える人が会場をぎっしり埋めた。とにかく圧巻だったのが、実行委員長になった太田洋・千葉県いすみ市長をはじめ、有機給食に取り組む30を超える市町村長が一堂に会したことである。取り組みを始めたいという自治体も含めると、60を超える首長が参加した。現在首長を担っている人たちがこのように多数集まることは、ほとんどなかった。

農水省の調査によると、2020年度に学校給食で何らかの有機食品を提供した自治体は、123市町村あったという。確実な広がりを示している。実際に、100%近く提供する自治体から、ごく一部にとどまっている自治体まで、その提供の割合は多様である。例えば、給食に出すご飯をすべて地元産の有機米にしている千葉県いすみ市の例が有名だが、同市ではお米以外でも有機の小松菜など多種類の有機野菜も提供している。木更津市も現在、有機米の100%使用を目標に使用拡大に取り組んでいる。とりあえずは、お米を有機に切り替えていくことから始めるケースが多くなっている。東京都武蔵野市では低農薬・無農薬・有機栽培の米と野菜、非遺伝子組み換えの飼料で育てた鶏卵などを使用している。佐渡では全島30校の小中学校で1か月間有機米飯に取り組んでいる。早くから取り組んできた自治体が、愛媛県今治市と宮崎県綾町で、ご飯や野菜など、自治体全体で学校給食の有機化を進めてきた。今治市では、「食と農のまちづくり条例」を作成し、有機農業を街づくりの柱にしてきた。綾町は、日本の有機認証の基準となる有機の基準をいち早く作った町である。それぞれの自治体により取り組みに幅があるものの、確実に有機給食が広がっている。そして有機給食の広がりが、自治体に活力をもたらしている実態も報告された。子どもたちの健康を守ることを最優先するという考え方から、有機給食は世界でも広がっている。

生物多様性を祝う祭典（ドイツにて）

消費者は環境問題への意識が高く、質問自体も日本では考えられない問いかけであり、回答も環境への意識の高さを示している。

遺伝子組み換え食品を拒否する

次に、米国での世論調査を紹介する。実はこの調査は、FDA（食品医薬品局）が、遺伝子組み換え食品（GMO）の宣伝のために、米国民を対象に行ったものである。トランプ政権（当時）は、遺伝子組み換え食品やゲノム編集食品を推進し、世界中に売り込もうとしていた。そのためにはGMOを支持する人を増やさなくてはいけない。そのために行った世論調査といえる。しかし、その結果はトランプ政権の期待を裏切るものだった。

この世論調査を行ったのはピュー・リサーチ・センターで、2019年10月に取り組まれ、2020年3月に発表された。その結果は、成人の51％が「GMOの方がNon-GMOより健康に悪い」と答えている。逆に「Non-GMO

生物多様性を祝う祭典（ドイツにて）

の方がGMOより健康に悪い」と答えた人は7%で、差がないと答えた人が41%だった。さらにGMOが国民の健康に問題をもたらすと答えた人は88%に達し、環境に問題をもたらすと答えた人は77%に達した。他方、GMOが食料供給の増加に役立つと答えた人が64%で、手軽な値段の食品をもたらすと答えた人が50%に達し、FDAはこの結果の部分を喧伝している。しかし、消費者の安全性を求める意識の高さを崩すことはできなかった。

有機農業にこそ未来がある

2008年に世界銀行が出した「これからどのような農業に投資をしていったらよいか」をまとめた調査報告書では、遺伝子組み換え作物に未来はなく、有機農業など環境保全型農業に投資すべきだと結論づけた。本来、米国政府や多国籍企業の味方のはずの世界銀行が、遺伝子組み換え作物を見限ったのであるから驚いた。

これは 2003 年に始まった IAASTD（開発のための農業科学技術国際評価）で、農業で最も有効な科学技術とは何かを総合的に判断するプロジェクトである。世界銀行が提案して、国連食糧農業機関（FAO）、国連環境計画（UNEP）、世界保健機関（WHO）などの協力で行なわれた、これまでで最大規模の農業アセスメントである。そこでの遺伝子組み換え作物に対する評価は、きわめて否定的である。その報告の概略をカンタベリー大学のジャック・A・ハイネマン教授がまとめている。遺伝子組み換え作物の評価は次のようなものである。

1、遺伝子組み換え作物が販売され始めてからの 14 年の間、遺伝子組み換え作物の収穫量が全体的、持続的または確実に増加したという証拠は何もない。

2、遺伝子組み換え作物を採用した農家の経費が持続的に減少した、またはそのような農家の収入が持続的かつ確実に増加したという証拠は何もない。

3、農薬の使用量が持続的に減っているという証拠は何もない。事実、除草剤の中には劇的に増加したものがあり、遺伝子組み換え作物への特殊な散布方法により、伝統農法を行なう農家の雑草防除にたいする選択肢が狭められている。

4、遺伝子組み換え作物の圧倒的多くは、収穫量を高めることを目的として作られたのではなく、特定の農薬または殺虫剤を売るために作られたものである。

5、世界の大多数の農家が求めるような作物が遺伝子操作によって生み出されたという証拠は何もない。

6、植物の遺伝資源を少数の巨大企業の知的財産権として無差別に強奪したことで種子業界が統合され、長期的な植物農業生物多様性と生物多様性が危機にさらされている。遺伝子組み換え動物が実現可能な商品となった場合には、同じ収縮作用が動物の遺伝資源についても起こることは間違いない。

以上である。解決策としてアセスメントが提案していることは、下記の通りである。

1、農業生態学的手法に投資することで、世界中の人々への持続可能な食料供給に貢献できるという確固とした証拠がある。

2、伝統的な交配やマーカー遺伝子利用による育種などの実証済みの技術にいますぐ再投資すべきである。

3、知的所有権の枠組みを緊急に見直すべきである。生物由来物質が特許や特許に準じる方法で保護され続けるのであれば、知的財産の定義と、知的財産を開発する公的機関に対するインセンティブを変える必要がある。

4、農産物輸出大国は、食料の安全保障と主権を国外でも推進する貿易援助方針を緊急に採用すべきである。

この報告は、環境の悪化や食糧危機が慢性化しているが、その状況をさらに悪化しかねない遺伝子組み換え作物に未来はなく、有機農業など環境保全型農業に未来を見いだしている。

食を変えることがとても大事だが、先端技術を用いた作物や食べものではなく、有機農業にこそ、世界の農業の未来にとって大事であるばかりでなく、人々の暮らしや健康にとっても大事なことが示されたといえる。このことは、ゲノム編集技術が登場し、コロナ禍を経たいまも変わらない。

2
暮らしを変える、社会を変える

身近でできることは多い

私たちの生き方、暮らし方が問われている時代である。さらに言えば、環境と人間の関係が根源的に問われている時代でもある。これまで社会は、経済成長を追求し、新たな技術を開発し、絶え間なく環境に負荷を与え続けてきた。それは自然破壊をもたらし続け、その傾向はいまも変わらない。いま求められているのは、それとは異なる「もう一つの道」を進むことである。従来とは異なる価値観が必要だ、と環境の側が提起しているのである。

それはけっして難しいことではなく、私たちが日常でできることも多くある。ものを安易に捨てずに、一つのものをずっと使い続ける。家電製品を使用し終わったときには、プラグをコンセントから抜くことなどは、基本といえる。また、飲料の自動販売機は、その多くが屋外にあり、夏冷やし冬暖めているため、大変な量の電力を消費している。その自動販売機をなくしていくことは必要だが、その前に私たちも自動販売機から買わないようにする。私たちが買わなければ、なくなっていくからである。化学製品を減らし、ガラスや木、陶磁器といった自然素材のもので、かつ環境破壊型でないものを、くり返し利用することが大切である。

マイクロプラスチックやPFASによる汚染の問題、環境ホルモンや世代を超えて受け継がれる被害の実態が明らかになり、自然と共生できる生き方暮らし方が切実に求められるようになったのである。

輸入食品は、食の自給や安全を奪うだけではない。輸送距離に応じてエネルギーを浪費する。また、生産地で土から栄養分を奪い、水を浪費させる。水の場合、このような形での輸入を「ヴァーチャルウォーター」という。

私たちに何ができるのだろうか。大きな政治の流れの中で時には無力な自分を感じることもあるが、身近なことで便利さに流されることなく、１日を過ごすことで、多くのことができる。それを「地球と体に優しい24時間」で示した。この生き方・暮らし方をすべて行うことは、至難である。しかし、少しでも増やすことで、社会を変えることができる。

例えば、農薬の問題を取り組んできた結果、学校給食の有機化の取り組みが広がってきている。遺伝子組み換え食品が日本では栽培されてこなかった。PFAS問題やマイクロプラスチック問題がクローズアップされるようになった。まだまだある。

地域循環型社会へ

これからの社会の在り方の中で、エネルギー問題が占める割合は大きい。これからの社会では、環境と共生するエネルギー生産のありかたが、基本になければいけない。それは中央管理型でも、巨大集中型でもなく、分散型が望ましい。単一のものではなく、多様性を大切にする在り方である。専門家によるものではなく民衆的なもので、化石燃料多消費型ではなく、再生可能で持続可能なものである。つまり自然を支配するのではなく、自然と共生する、そのようなシステムでなければならない。

環境を破壊している元凶は、現在の拡大を前提としている経済活動にある。拡大を前提にすれば、大規模な代替エネルギーや新資源に依存し、新たな環境破壊を招くことになる。現代社会は、そうではない価値観への大きな転換が求められている。

現状を変えていくために、どのような未来を構想していくかが大切になる。基本は地域であり、地域の自立を目指した取り組みが大切である。その一つの試みが、地域循環型社会である。地域循環型社会とは、基本的には、その地域で出た生ごみから堆肥を作り、食の自給を図る取り組みである。ゴミの分別の徹底、減量化とリユースの徹底、生ごみの堆肥化が基本になる。安全で健康な食事がよい堆肥をもたらす。合成洗剤を使わず、有機農業を主体として、農薬や化学肥料を減らし、できたら無くす取り組みが必要である。これにエネルギーの地産地消を加えると、地域主体の社会が可能になる。

エネルギーの地産地消とは、その地域で生産されたエネルギーを、その地域で消費することである。地産地消を行えば、大都市圏以外では、大規模化は必要ない。太陽光、風力、小型で水車のように流れを利用した水力、地域で出た生物資源を利用したバイオマス、廃油利用など、それらの小規模な自然エネルギーを組み合わせ、地域で生産し、地域で消費するネットワークを構築する。このような仕組みは、地方自治の強化が前提だが、不可能な話ではない。

小規模で多様な自然エネルギーを組み合わせ、しかも地域で生産して、地域で消費することが、これからの社会のあり方だといえる。もちろん全部を地産地消で賄うことは難しいかも知れないが、遠方から購入する電力を最小限にしていくことは可能である。このような社会の実現によって、わたしたちの未来は、自然と人間との根源的あり方に近づくことができる。

脱パンデミック社会へ

今回の新型コロナウイルスによる感染拡大は、これまで世界が歩んできた経済優先一辺倒、グローバル化、IT 化への警告ともいえる。例えば外国からの観光客の増加に依存しようとする政策がある。オリンピック・パラリンピック、あるいは大規模なイベント、万博の誘致もその一環であり、大型クルーズ船、IR などの大型施設の設置もそうである。しかし今回の新型コロナウイルス感染症感染拡大は、観光依存型の政策の脆さを見せつけたといえる。大規模化は経済の論理が優先した考え方である。経済ではなく、環境を優先した考え方が必要である。

感染症拡大自体が、地球環境の復讐であることから、その点からも環境を優先する政策が必要である。日本や米国など先進国の多くが、気候変動への影響を軽視し、生物多様性を守ろうとしてこなかった。世界中で、落ち込んだ経済優先政策が進められている中、回復を急ぐとさらに地球環境を痛めつける危険性がある。

さらには公衆衛生を大事にし、高齢者や障害者を大事に扱う、差別や貧困のない社会を創り出していくことが大事である。誰もが生きる上で最も大事なことは、その人が必要とされていること、大事にされていることが分かる社会である。同時に、一人一人が病気に対する抵抗力をつけていくことが必要である。そのためには、まともな食事がないといけない。いま貧困家庭が増え、満足な食事すら得られない子どもたちが増えている。それは、いまの経済活動がもたらした、貧富の差の拡大が原因である。
そのうえで、ワクチンや抗ウイルス剤に依存するのではなく、ウイルスや細菌を敵視する抗菌・清潔社会を脱し、自然と共存しながら生きていくこと、それが新たな感染症拡大をもたらさない道である。ポストコロナ社会や脱パンデミック社会の基本は、これまでの文明の在り方を根本的に見直し、変えていくことにあるといえる。

戦争ではなく平和を

もうひとつ考えなければいけないのが、戦争である。戦争は、繰り返し起きてきた。また地球のどこかで必ず起きてきた。日本で暮らしていると、私たちの日常は、一見、平和に見える。しかし、毎日、世界のどこかで戦争は起きており、多くの方が命を奪われている。それはウクライナだけの話ではない。さらに難民となったり、食料や水が手に入らないために、命を落としている人々は数知れない。戦争は貧困と密接にかかわる。私たちの日常と、戦争や難民となりひどい状況に置かれている人たちの間には、強い関係がある。例えば、私たちが毎日食べる食べものの多くは海外に依存している。それは、その国の人の食料を奪っているケースが多いのである。
私たちの周りでも、貧困により餓死する人も出ており、原発事故は多くの避難民をもたらし、避難先で健康を害され亡くなる方も続出させた。これまで外国の話のように語られていた飢餓や難民問題が、けっして外国の話でなくなりつつある。なぜ、このような社会になったのか。いつから、こんな社会になったのか。
この社会を変えていくことがとても大事になってきた。私たちができることには限界があるかもしれない。しかし、一人一人が実践して、それが多数派になれば、大きな力になる。私たちが日常生活の中で、地球に優しい生き方暮らし方をさりげなく行うことで、社会を変え、平和な社会をもたらすことも可能である。

地球と体に優しい24時間

食事

食器　プラスチックを避け、ガラス、陶磁器、木など自然素材のものを使用しよう
鍋釜・容器　アルミやフッ素加工などのプラスチック製を避け、ステンレス製など安全なものを使用しよう
箸　輸入の割り箸を避け、木製でプラスチック加工していないものを使用しよう
輸入食品　輸入食材を避けるため、国産の野菜などを用い素材から調理しよう
農薬汚染　国産でも可能な限り農薬を使用していないもの、最小限にとどめているものを食べよう
野菜や果実　大事な栄養部分の大半を捨ててしまうのを避け、丸ごと食べるよう努力しよう
食品添加物　なるべく食品添加物を使用していない加工食品を食べよう
電子レンジ・電磁調理器　最も電磁波が強い調理器具であり、使用を控えるか、使用しているときは離れるようにしよう
おやつ　なるべく手作りにしよう、市販のお菓子では可能な限り食品添加物が使われていないものを食べよう
ごみ処理　生ごみはコンポストでたい肥化を図ろう、プラスチックごみを少なくするためマイバッグを使用しよう

日常生活

トイレ　水の使用を抑えるためにタンクにたまる水を少なくしよう
歯磨き　歯磨き剤は、界面活性剤やフッ素入りはやめよう
お化粧　体に合った自然素材のものを使用しよう
出勤など移動　なるべく公共交通を利用しよう
清涼飲料　お茶などは無農薬のものを選び自分で急須を用いて入れよう、自販機

からの購入はやめよう、ペット容器や缶入りのものも可能な限りやめよう
食器洗い　合成洗剤は止めよう、お湯洗いでじゅうぶんに落ちます
洗濯　合成洗剤はやめ、石鹸を使用しよう、水洗いでかなり落ちます
家庭菜園　農薬は使用しないようにしよう
蚊などの虫退治　防虫剤は使用しないようにしよう、使用する場合は天然素材のものを使用しよう
部屋　化学物質の汚染が起きないように、購入時に素材やにおいなどをチェックして身の回りで発生源が無いよう気を付けよう
掃除　住居用洗剤は止めよう、自動掃除機は止めよう
衣服　合成繊維のものは止めて、自然素材のものを着よう
絨毯　防ダニ材が使われていない、自然素材のものを使用しよう
衣服の防カビ材　ヒノキなど自然素材のものを用い、空気の入れ換えをこまめに行おう
テレビなど家電製品　電磁波汚染を防ぐために至近距離での使用は避け一定の距離をとるようにしよう
照明　紫外線が出る蛍光灯や、ブルーライトが強いLED証明ではなく可能な限り白熱灯を使用しよう
入浴　入浴剤、シャンプー・リンス・ボディソープなどで合成界面活性剤はやめて石鹸を使用しよう、浴室のカビはカビとり剤を使用しないですむようこまめに掃除しよう
就寝　人生の３分の１は睡眠時間です、安心して落ち着けるベッドなどを使用しよう、合成繊維はプラスチックです、自然素材の布団を使用しよう

あとがき

最後にお茶の話をしたい。私がまだ雑誌編集者だった1970年代に、物理学者として高名だった武谷三男さんの仕事部屋をしばしば訪ねたことがあった。当時、時代のご意見番ともいえる存在で、面白い話を多く聞かせてくれた。その際、必ず武谷さんは緑茶を入れて下さった。お湯をまず湯飲みに入れ、適温に冷ましてから急須にそそぐ、古い世代では当たり前の、美味しいお茶の入れ方である。武谷さんはお茶を入れながら、最近来た編集者があるところで、さすが物理学者だ、お茶を計りながら入れている、と書いていたそうだ。今どきの若者はお茶の入れ方も知らないと嘆いていたのである。

いまやお茶を出すとすると、湯冷ましどころか、急須にも入れず、ペットボトルをポンと置くところが増えてきた。国会議員の会合や政府の審議会などの中継を見ることがあるが、机の上にはペットボトルが当たり前に置かれている。もともとお茶くみは女性の仕事としていた差別が問題だったのであり、男性がお茶くみを行えばよいだけの話のはず。それがいきなりペットボトルである。我が家では、長年、私がお茶入れの担当で、当然、湯冷ましを使っている。

年に一回、火災保険会社の方が訪ねてくる。お客には必ずお茶を入れているが、この保険会社の人は毎回「美味しいお茶をありがとうございます」といって帰っていく。よくよく考えてみると、湯冷ましに入れて出す家も少なくなったことに気がついた。

コンビニに入ると、お茶などの清涼飲料水は必ずといっていいほど一番奥におかれている。なぜ一番奥かというと、コンビニの利用者として、多数を占める若者たちの多くが、清涼飲料水購入を目的に店に入ってくるからである。一番奥のスペースを目的買いゾーンという。入店した人の多くがそこを目指して進む。通常、入り口から右回りで一周する形で進み、最後は出口近くにあるレジで精算して出ていく。このグルッと回る導線沿いに、衝動買いを誘う商品が置かれている。そのためお茶などの清涼飲料水は、コンビニの目玉商品ということができる。

駅などの自動販売機でも、ずらっと並んでペットボトル入りのお茶が販売されている。駅のごみ捨て場には、空になったペットボトルがあふれている光景を、しばしば目にする。そのプラスチック公害が問題になっている、これは古くて新しい問題であり、いまではマイクロプラスチック問題として浮上している。日本ではリサイクルされているのが建前のようだが、ほとんどが焼却されている。捨てられるペットボトルも多く、それが川や海に流れ込んで、細かく砕かれマイクロ化し、時にはナノ化して、環境を汚染し、魚などに取り込まれ、食品に混入してくる、という構造である。

ペットボトルのお茶にはまだ言いたいことがある。必ずと言っていいほど、酸化防止剤としてビタミンCを使っているのである。このビタミンCは、その他にもさまざまな食品や飲料に使われている。いまビタミンに国産はない。あまりにも安価なため、割が合わないということで、すべて輸入に頼っている。薬局で出されるビタミン剤もすべて輸入である。ビタミンCの場合、ほとんどが中国産で、同国では遺伝子組み換え技術を用いて製造している、遺伝子組み換え食品添加物の典型なのである。そんなところにまでバイオテクノロジーが入り込んでいる。お茶の葉も大半が輸入した「農薬たっぷり」の茶葉を用いているのである。茶葉は洗うことがない。お茶を入れる時が洗う時である。そう考えると、有機の茶葉しか使えないし、ましてやペットボトルのお茶を飲む気もしない。

茶葉を有機にこだわる、もうひとつ理由がある。使い終わった茶葉は、乾かす。その際に生じるほのかな香りも楽しみである。そして消臭・芳香剤としてあちこちの部屋に置いていく。毎日補給されていくため、いい香りが家中に立ち込める。

さらに、役割を終えた茶葉は、野菜などと一緒にコンポスターの中に入れ、堆肥化して野菜作りに用いる。その際、有機であることがきわめて大切になる。我が家のコンポスターはミミズの繁殖場になっている。元気なミミズを小さな家庭菜園に移植すると、いつの間にか鳥たちがやってきてさらっていくが、それもまた良しとしている。たかがお茶なのだが、このように社会問題、環境問題につながっていくのである。

※

前著『地球とからだにやさしい生き方・暮らし方』が、品切れになったことから、最初は増補改訂版を出す予定だった。しかし、書き進めていくうちに全面的に書き直して方がよいと思うようになり、このような内容になった。

最後になったが、今回も柘植書房新社の上浦英俊さんに大変お世話になった。以前は共同で発送作業をしたり、一緒に登山した仲間であり、このような形でまた共同で作業できたことを大変うれしく思う。深く感謝します。

■著　者
天笠　啓祐（あまがさ　けいすけ）

1970年早稲田大学理工学部卒、『技術と人間』誌編集者を経て、現在、ジャーナリスト、市民バイオテクノロジー情報室代表、遺伝子組み換え食品いらない！キャンペーン代表、日本消費者連盟顧問。
著書『面白読本・地球汚染』（柘植書房）、『くすりとつきあう常識・非常識』(日本評論社)、『電磁波はなぜ恐いか』(緑風出版)、『遺伝子組み換えとクローン技術100の疑問』(東洋経済新報社)、『脱原発一問一答』(解放出版社)、『『子どもに食べさせたくない遺伝子組み換え食品』(芽ばえ社)、『暴走するバイオテクノロジー』(金曜日)『この国のミライ図を描こう』（現代書館）ほか多数

市民バイオテクノロジー情報室
http://www5d.biglobe.ne.jp/~cbic/index.html

新　地球とからだに優しい生き方・暮らし方

2023年12月20日　初版第1刷発行　定価1,800円＋税

著　者　天笠　啓祐
発行所　柘植書房新社
113-0001 東京都文京区白山1-2-10 秋田ハウス102
TEL03-3818-9270 FAX03-3818-9274
https://www.tsugeshobo.com　郵便振替00160-4-113372
印刷・製本　創栄図書印刷株式会社

乱丁・落丁はお取り替えいたします。　ISBN978-4-8068-0769-8　C0030

地球とからだに優しい生き方・暮らし方

天笠啓祐著

定価1800円+税

ISBN4-8068-0474-6 C0030 ¥1800E